国家重点图书出版规划项目
十二五　大气污染防治理论与应用丛书

空气污染和气候变化：
同源与协同

Air Pollution and Climate Change:Common Origins and Co-benefit Strategies

柴发合　支国瑞　等 编著

U0334233

中国环境出版社·北京

图书在版编目（CIP）数据

空气污染和气候变化：同源与协同/柴发合等编著. —
北京：中国环境出版社，2014.12
（大气污染防治理论与应用丛书）
ISBN 978-7-5111-1747-2

Ⅰ．①空…　Ⅱ．①柴…　Ⅲ．①空气污染控制②气
候变化—研究　Ⅳ．①X510.6②P467

中国版本图书馆 CIP 数据核字（2014）第 039805 号

出 版 人　王新程
责任编辑　沈　建　葛　莉　张　娣
责任校对　尹　芳
封面设计　彭　杉

出版发行　**中国环境出版社**
（100062　北京市东城区广渠门内大街 16 号）
网　　址：http://www.cesp.com.cn
电子邮箱：bjgl@cesp.com.cn
联系电话：010-67112765（编辑管理部）
　　　　　010-67113412（教材图书出版中心）
发行热线：010-67125803，010-67113405（传真）
印　　刷　北京中科印刷有限公司
经　　销　各地新华书店
版　　次　2015 年 5 月第 1 版
印　　次　2015 年 5 月第 1 次印刷
开　　本　787×1092　1/16
印　　张　11.25
字　　数　276 千字
定　　价　56.00 元

本书编委会

主　　编：柴发合

副 主 编：支国瑞

参加编写：薛志钢　　王淑兰　　高　健　　付加锋　　云雅如

　　　　　胡　君　　蔡　竟　　杨俊超　　高　炜　　付　建

　　　　　孔珊珊　　白鹤鸣　　齐　蒙

序言

空气污染和气候变化是当今人类可持续发展面临的两大环境问题，其根源均在于人类活动特别是能源利用中的排放活动。这些排放活动既污染环境空气，又影响全球气候，因此作者在第1章就形象地描述为"本是同根生"，不仅表明了两大环境问题来源的一致性，也意味着控制的协同性。然而，长期以来这两个问题一直是分而治之，由此带来了一些相互对立的尴尬局面，不仅不能达到预期的治理效果，而且增加了全社会控制成本。典型的例子是近几十年来为应对空气污染和酸雨危害而正在成功实施的脱硫努力，有可能在一定时期内和一定程度上抵消人类减缓变暖的努力。本书正是在这样的大背景下，本着"揭示矛盾、寻找联系、追求共赢和利益最大化"的宗旨，力促树立将空气污染和气候变化统筹考虑的"一盘棋"思想，并对当今空气污染和气候变化领域的热点问题进行广泛讨论，提出了在思想、技术和管理等方面需要做出的努力。同时，我们力求"摆事实的科学性、讲道理的风趣性"，将这两大问题有机地联系起来，相信非常具有实践意义。

作者

2015 年 1 月

目录

第 1 章

碰 撞 的 火 花

导语

> 俗话说"不打不成交"。空气污染和气候变化是大气科学领域面临的两大挑战,历史和现实的原因造成的各成体系的应对措施时常发生碰撞,正是这种碰撞的火花有望照亮"双赢"之路。

1.1 硫之惑

空气污染和气候变化是大气科学领域面临的两大挑战。以应对空气污染和酸雨危害的 SO_2(二氧化硫)控制为例,从技术到实践,已经相当成熟(图 1-1),但近年来的一些研究结果对此却提出警示。

注:左侧是除尘车间,中间是脱硫塔,右侧是烟囱和冷却塔的结合体(拍摄于神华集团国华电力公司三河电厂)。

图 1-1 燃煤电厂的脱硫塔

2009 年《自然·地球科学》上发表的一篇题为《20 世纪区域辐射强迫的气候响应》[1]的文章指出,1976 年以后高达 70%的北极地区升温源于硫酸盐气溶胶的降低及黑碳浓度的上升。对于黑碳的问题这里暂且不多讨论,仅硫酸盐气溶胶降低的问题就应该引起人们的重视,因为硫酸盐对大气有降温作用,几十年来欧美地区为改善空气质量而采取的脱硫措施(图 1-2)[2],一定程度上也导致了北极硫酸盐浓度的下降。

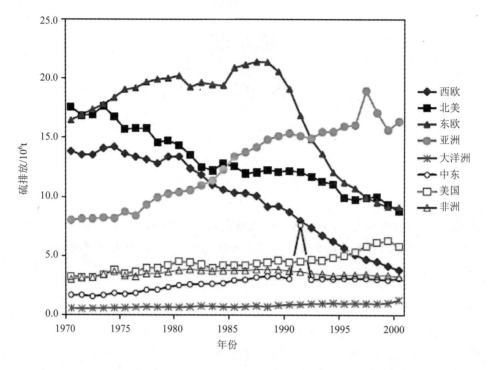

来自：Stern，2006。

图 1-2 20 世纪 80—90 年代区域硫排放趋势

　　如果说降硫导致北极地区的升温是个悲剧，那么却有人将亚洲区域未来几十年的气候稳定"寄托"于中国和印度火力电厂的快速发展及脱硫措施的失控上来。他们说，如果中国和印度这两个新兴经济体未来化石能源消耗真的占了全球新增煤电的 80%，那么无节制的 SO_2 等的排放及形成的气溶胶将完全抵消同期 CO_2（二氧化碳）的致暖作用，甚至造成局部降温[3]。历史的某些迹象似乎支持了这种观点，比如一直到 20 世纪 70 年代，尽管化石燃料的消耗量已经历几十年的突飞猛进，但全球气候却相对处于稳定状态。随后全球开始明显升温，这恰与工业化国家在应对酸雨和空气污染过程中对 SO_2 排放的控制历程相一致[4]。

　　然而，1999—2008 年，尽管仍是全球气温最高的时期，但气温的上升似乎停滞了，这与以前气候模式预测的结果很不相符，"气候变暖怀疑论"再次浮起，并对已经形成的主流观点形成冲击。在 2009 年 8 月《美国气象学会通告》（BAMS）发表的《2008 年气候状况》报告中，Knight 等首次根据 HadCRUT 3 资料，发现 1999—2008 年全球平均升温为（0.07±0.07）℃，明显低于 1979—2008 年的每十年 0.18℃的增幅（注意，这个 0.18℃将 1999—2008 年这十年的值也算进去了；如果不算的话，可以推算 1979—1998 年，每十年的温升应该是 0.24℃），也低于联合国政府间气候变化专门委员会（IPCC）报告估计的每十年有 0.20℃的增温。2009 年 10 月《科学》杂志载文《全球变暖出了什么变故？科学家说稍安勿躁》[5,6]，资料显示 1999—2008 年全球平均气温上升接近于零（图 1-3）[5]，而这十年 CO_2 的排放量和其在大气中的浓度并没有停止上升（图 1-4）[7]，难道温室气体并不是全球变暖的始作俑者？

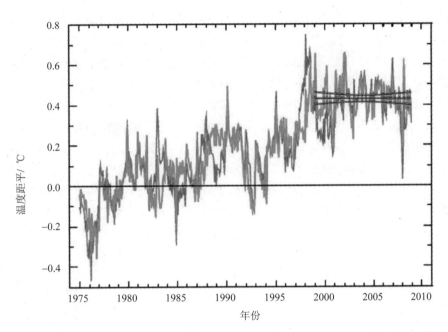

注：图中灰色为 1961—1990 年的平均值，蓝色为去掉 ENSO 影响的平均值，红色为 1999—2008 年温度变化情况（含误差范围）。

资料来源：Kerr，2009；王绍武等，2010。

图 1-3　1975—2008 年全球平均温度与 1961—1990 年平均温度的比较

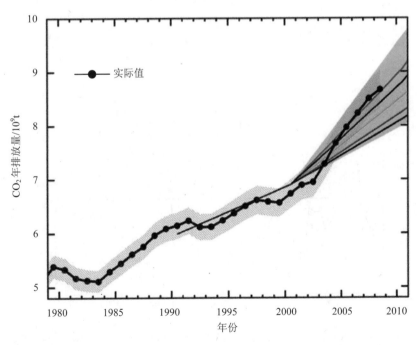

注：图中黑色为 CO_2 排放量；细线为 IPCC 排放情境。

资料来源：Allison 等，2009；王绍武等，2010。

图 1-4　化石燃料和水泥生产排放的 CO_2

2011 年 Kaufmann 等[8]在《美国科学院院报》发表了题为《协调人为气候变化与温度观测结果 1998—2008》的论文，研究分析了 1998—2008 年全球气候变化模型之后，认为恰是由于 SO_2 排放增加，带来了大气对太阳反射的增强，暂时阻止了地球温度的进一步上升。中国的燃煤问题之所以受到格外关注，是因为仅 2003—2007 年的四年时间，中国的燃煤量翻了 1 倍，而此前 1980—2002 年用了 22 年才翻了一倍（图 1-5）。在这四年中，全球煤炭消费增长了 26%，其中 77%是由中国贡献的。由于在亚洲特别是中国燃煤的急剧增加[9]，增加的硫排放产生了 0.06W/m² 的负强迫（降温）（图 1-6），而不是 1990—2002 年由于硫减排带来的 0.19W/m² 的正强迫（升温）。这种硫排放的增加拖住了同期温室气体上升带来的升温效应，使模拟得到的辐射强迫在 1998 年以后略有上升而在 2002 年以后出现下降（图 1-6），而太阳 11 年活动周期带来的日照减弱及南方涛动指数（Southern Oscillation Index，SOI）的增长进一步放大了这种降温作用[10]。

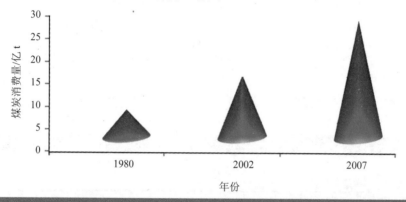

图 1-5　中国煤炭消费翻番加快

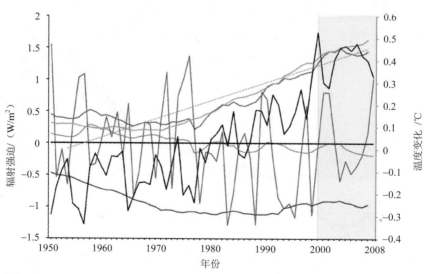

注：紫线是人为 SO_2 排放；蓝线是人为净强迫；蓝色虚线是人为净强迫的线性估测；红线是总辐射强迫；橙线是日照强迫；黑线是温度变化；绿线是 SOI/10；灰色区域是 1998 年以后。

资料来源：Kaufmann 等，2009。

图 1-6　1950 年以来的辐射强迫变化情况

　　这不免令人担心，果真如此的话，一旦 SO_2 的排放被有效控制，人们就会明显感受到全球气候变暖的加速。而 SO_2 的控制确实正在进行中，比如截至 2011 年 5 月，中国的燃煤电厂装机容量达到了 72 119 亿 kW，但是由于环保压力，其增长速度已经大幅降低，2011 年 5 月底火电在建规模为 7 400 万 kW，比上年同期减少 1 010 万 kW。而且中国政府还在争议中制定了世界上最严格的火电厂大气污染物排放标准以应对日益严峻的环境问题，近年来 SO_2 的排放已经开始减少或基本稳定（《中国能源报》2011 年 7 月 11 日第 6 版）（图1-7）。以燃煤电厂为例，"十一五"期间环保部加大对燃煤电厂 SO_2 的控制力度，同时开始着手对 NO_x（氮氧化物）进行控制，到 2010 年全国 86% 的燃煤电厂安装了烟气脱硫装置，14% 安装了烟气脱硝装置。另据中电联预计，到"十二五"末，在全部实现脱硫和除尘的前提下，烟气脱硝的比例将达 80% 以上（表 1-1），这使更多的致冷气溶胶的形成失去了基础，无疑是应对气候变化的"巨大损失"。但话又说回来，难道为了应对气候变化就必须得忍受空气污染吗？这正是需要人们认真思考的问题，以人类的智慧，一定会在矛盾中开创新的道路，实现"共赢"的结局。

表 1-1　我国"十五"计划以来燃煤电厂大气污染控制设施安装情况　　　　单位：%

污染控制设施	2000 年	2005 年	2010 年	2015 年*
电除尘器	100	100	94	94
布袋/电除尘器	0	0	6	6
烟气脱硫	0	14	86	100
烟气脱硝	0	0	14	83.3

注：*除尘方式沿用了 2010 年的数据，实际情况可能是布袋或电袋除尘有所上升，但目前尚无确切数据。

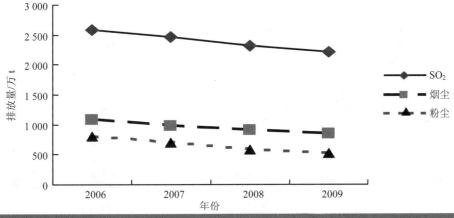

图 1-7　我国近年 SO_2 等污染物排放变化

　　其实，类似于硫的尴尬还有许多[11]，比如柴油发动机较之汽油发动机有更高的燃料能效和更低的 CO_2 排放量，所以使用柴油成为气候工作者的希望；但是，如果没有足够的技术控制措施（如颗粒物捕集）的话，会明显增加颗粒物的排放，对空气质量的影响是显而易见的。又如，生物质燃料的使用是减少温室气体排放的有效途径之一，其主要原因是生物燃料的碳中性带来的"零"碳排放，但倘若这些生物质在小型低效的炉具中燃烧，不可避免地会带来更多的颗粒物、VOCs（挥发性有机化合物）及 CO（一氧化碳）的排放，无疑会增加空气污染的烦恼。我们大量的空气污染控制措施倾向于增加能源消耗，因而实际上会增加 CO_2 的排放，甚至《京都议定书》的"共同履约"和"清洁发展机制"本来旨在降低温室气体减排的成本，但是，如果执行不当，可能会加重"受援"地区的空气污染水平。

总之，空气污染和气候变化应对措施的碰撞结果就是增加另一方的成本，对我们未来的技术开发和政策安排提出了新的挑战，这也是推动本书出版的一个重要因素。

1.2 回首：应对空气污染

1.2.1 空气污染

大气是一个复杂、动态的，以气相为依托的自然体系，是地球生物赖以生存的基本条件之一。大气从下至上分为对流层（约 12 km）、平流层（12～50 km）、中间层（50～85 km）和暖层（又称电离层）（图 1-8），其中在对流层存在着强烈的垂直和水平对流作用，因此是天气现象发生的地方，也是大气污染发生的主要场地。

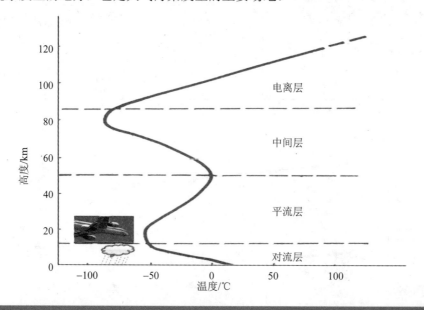

图 1-8 大气垂直分层

空气污染是指化学物质、颗粒物或生物材料进入大气系统，给人或其他生物带来危害或不适，或对自然环境或人为环境带来破坏的状况。空气污染从源头上看包括人为排放源和自然排放源，人为排放源大多与燃料燃烧有关，诸如固定燃烧源、移动燃烧源及受控的森林燃烧，也包括垃圾填埋及其他过程中的废气排放；自然排放源涉及沙尘，地壳因放射性衰变释放的氡气，野火释放的烟气及 CO，植物燃烧释放的 VOCs，火山活动释放的硫、氯及火山灰。本书主要强调人为因素带来的空气污染。

当人类点燃第一把火的时候，标志着人类产生了对空气成分的扰动，而"室"内污染则开端于人类使用燃料取暖或制备熟食。穴居山洞的内壁附着了厚厚的一层烟黑，可以猜想早期人类在浓烟充斥的"室内"是如何艰难地呼吸，甚至被呛得泪眼蒙眬。我们发现的旧石器时代的木乃伊，肺往往是黑的。

根据世界卫生组织（WHO）的报告，空气污染在许多方面危害人类的健康，包括呼吸系统感染、心脏疾病和肺癌，表现为呼吸困难、气喘、咳嗽，或者加重已有的呼吸和心脏病症。恶劣的空气质量对人体健康的危害程度与污染物种类、污染程度、个人身体素质及遗传因素有关。

1.2.2　大气的自净

空气污染物排放是造成空气污染的必要条件，但不是充分条件，也就是说空气污染物排放并不一定造成人类认可的空气污染后果，因为是否带来空气污染要看污染物是否足以给人类或生态系统带来危害，只有超过一定浓度时才会造成危害。这就像人体需要各种微量元素，含量适度可以保证正常人体机能得以实现，但是如果在自来水中某些元素含量过高（如铬），则会给使用者带来伤害，这个时候才称为污染。大气污染也是这样，污染物进入大气以后，如果浓度很低，不足以产生危害，则不认为形成了空气污染。

这首先要感谢大气的自净能力。大气似乎成了一个最大的垃圾处理厂，千百年来，地球大气层已经不辞辛劳地帮助人类处理了源于燃烧及其他活动的气态或颗粒态废物而没有造成严重污染，这种情况一直持续到工业化革命以前。

大气的自净能力主要由三个因素决定。一是扩散能力，包括空气的垂直和水平对流作用。对流层由于受地表反射太阳辐射和红外辐射的作用，从下向上的温度呈现逐步下降的趋势，低层大气膨胀上行过程中裹挟污染物一起离开低层狭小区域进入更广阔的空间，使低层大气中污染物浓度不至于过高；水平的空气流动使污染物迅速离开污染源，同样避免了在污染源附近的聚集。即使在今天空气污染物排放量较为集中的大城市（如北京），当空气扩散条件好时，依然是蓝天白云、赏心悦目；而当扩散条件不好时，则是令人厌恶的霾。2013 年 1 月，北京市先后经历了四次重污染天气过程，在排放稳定的条件下，逆温层的存在是关键外因，它像一个盖子一样，阻挡着下面污染物的扩散（图 1-9）。但毋庸置疑，如果仅靠扩散作用，在降低污染源地区浓度的同时，也在一定程度上提高了相邻区域的空气本底水平。影响大气自净能力的第二个因素是污染物的沉降能力。大多数空气污染物在进入大气以后的几天内由于重力作用和降水作用而沉降到地面，从大气中消失，这是地球物理作用的结果。当然也应当注意，沉降的污染物还会对陆地及水体生态系统带来影响，对于新体系来说可能是新侵入的污染物，控制污染的接力是必不可少的。第三个因素是大气化学转化能力，有些水溶性较差的化合物（如 VOCs）通过大气氧化过程而转变为水、CO_2 及水溶性化合物，然后很快从大气中消失，比如 CO 在经过扩散稀释后浓度已经有了降低，再经氧化而变成 CO_2，成为可被植物吸收的气体。光照、温度和湿度等条件是大气化学反应的重要条件。

关于大气的自净能力有两点需要说明：一是这种能力不是无限的，而是有一定容量的，所以必须根据这种能力的大小决定人类排放的总量，这使区域总量控制成为必要；二是这种能力与当地气象条件、污染物排放总量甚至城市布局都有一定关系，人们可以通过增加高大林木、扩大绿地面积来截留、吸附颗粒物或有害气体，提高大气自净能力，同时实现环境的美化。

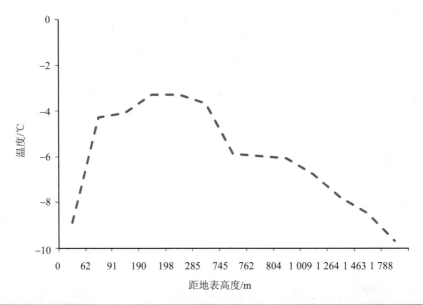

图 1-9　监测到的逆温

1.2.3　全球典型空气污染事件

空气自净能力随着时间、空间变化而变化，扩散条件好、降水多、植被好的地区，自净能力也强。当污染物排放超出当地空气的自净能力时，空气污染就出现了。

20 世纪 70 年代前，全球出现了 8 次典型的坏境污染事件，成为人类全面开启应对环境污染时代的催化剂，这 8 个事件是：马斯河谷烟雾事件、洛杉矶光化学烟雾事件、多诺拉烟雾事件、伦敦烟雾事件、日本水俣病事件、富山痛痛病事件、四日哮喘事件、米糠油事件，其中马斯河谷烟雾事件、洛杉矶光化学烟雾事件、多诺拉烟雾事件、伦敦烟雾事件、四日哮喘事件属于大气污染事件。

（1）比利时马斯河谷烟雾事件

1930 年 12 月 1—5 日，比利时的马斯河谷工业区，工业有害废气（主要是 SO_2）和粉尘的外排，对居民健康造成了综合影响，出现了严重的咳嗽、流泪、恶心、呕吐等症状，一周内发病几千人，死亡近 60 人，特别是患有心脏病、肺病的人群死亡率明显增高，也造成了家畜死亡率的增高。

（2）美国洛杉矶光化学烟雾事件

1943 年 5—10 月，美国洛杉矶市发生光化学烟雾事件，大多数居民出现眼睛红肿、喉炎等病症，呼吸道患者病情加重，400 多名 65 岁以上的老人死亡。研究认为，大量汽车废气的排放是此次事件的罪魁祸首。

（3）美国多诺拉烟雾事件

1948 年 10 月 26—30 日，美国宾夕法尼亚州多诺拉镇大气中的 SO_2 以及其他氧化物与大气烟尘共同作用，生成硫酸烟雾，4 天内 42% 的居民患病，17 人死亡，中毒症状为咳嗽、呕吐、腹泻、喉痛。

（4）英国伦敦烟雾事件

1952 年 12 月 5—8 日，英国伦敦持续几天逆温，正值冬季取暖燃煤旺季，加之工业排放，使大气中烟尘浓度高出平时 10 倍，SO_2 的浓度是以往的 6 倍，整个伦敦就像是一个令人窒息的毒气室，5 天时间内 4 000 多人死亡，随后的两个月又有 8 000 多人丧生。

英国是工业革命的发源地，工业的重要标志之一是化石燃料的大规模利用，崛起的工业使英国走在世界的前列，造就了日不落帝国的辉煌，也为伦敦烟雾事件埋下了伏笔。

（5）日本四日哮喘事件

20 世纪 50 年代开始，日本四日市石油工业快速发展，但同时也出现了哮喘病人的猛增。有意思的是，当居住在四日市的病人离开城区时，哮喘症状马上好转，而一旦重回这个地区，旧病便卷土重来，因此有了"四日哮喘"的说法。此后的十几年内，四日市又有几次较大的类似情况发生，人们将这种情况归因于工业粉尘、SO_2 及铅造成的空气污染。

进入 80 年代以后，全球又出现了两起空气污染事件，即原苏联的切尔诺贝利核泄漏事件及印度博帕尔事件。但严格地说，这只是两起环境事故，与传统意义的大气污染事件并不一致。

上述事件的出现一次次警醒人类特别是当权者，对于自然资源的开发、利用以及对物质财富的追求不能为所欲为，否则就会超出大气自身的容忍度而遭受报复，付出高昂的代价甚至大量生命。

1.2.4 应对污染的措施和法律

人类在一次次教训中觉醒，特别是在崇尚法治的时代，通过法律约束，逐步规范社会、行业、公民的行为，也促使当权者必须采取实实在在的措施来完成法律赋予的责任，在与大气污染的斗争中不断取得成就。

1.2.4.1 英国和欧盟

悲剧迫使英国人痛下决心整治环境。根据有关资料介绍，1956 年英国政府首次颁布《清洁空气法案》，决定对居民区的旧式炉灶进行改造，并设立市内无烟区，大规模搬迁燃煤污染企业；1968 年，英国政府又要求工业企业必须建造高大的烟囱，使得烟羽尽可能向高处和远处扩散，或者在最终沉降到地面以前有更多的时间被稀释和转化；1974 年，出台《空气污染控制法案》，规定了工业燃料的硫含量上限。通过这些措施，有效地减少了源于煤炭燃烧的烟尘和 SO_2 污染。1995 年，针对汽车尾气成为英国大气的主要污染源的现实，英国通过了《环境法》，1997 年又出台了《空气质量法》，设立了必须在 2005 年前实现的污染控制目标，特别是要减少 CO、NO_x、SO_2、颗粒物、O_3（臭氧）、苯和 1,3-丁二烯等 8 种常见污染物的大气排放量。2001 年 1 月 30 日，伦敦市发布了《空气质量战略草案》，市民可以随时查询最新的空气质量状况和空气质量预报。

2008 年 4 月 14 日，欧盟委员会通过了《环境空气质量指令》，设定了 $PM_{2.5}$（细颗粒物）和 PM_{10}（可吸入颗粒物）的含量标准和达标期限。根据该指令，到 2020 年，欧盟城

市地区的 $PM_{2.5}$ 必须比 2010 年的平均浓度降低 20%；此前，到 2015 年须将城市地区的 PM_{10} 年平均浓度控制在 20 μg/m³，而就各成员国整体而言，则控制在 25 μg/m³ 的水平。

1.2.4.2 美国和北美

世界八大环境公害事件中，美国占了两起，即 1943 年的洛杉矶光化学烟雾事件和 1948 年的多诺拉烟雾事件，促使美国社会痛定思痛，于 1970 年开始实施《清洁空气法》，以后又经历了 1977 年和 1997 年两次修订，确立了一系列行之有效的原则。根据规定，美国环境保护局（EPA）每天从地面 O_3、颗粒污染物、CO、SO_2 以及 NO_2 这 5 个方面对空气质量进行监测，按清洁程度分为 6 个等级。美国环境保护局通过 AIRNow 公布空气质量实时情况，发布空气质量预报。美国海洋与大气管理局的天气服务部门则提供 O_3 1 小时和 8 小时浓度预报，并与 AIRNow 数据共享。

1.2.4.3 觉醒的中国

新中国成立前，中国是一个农业国，生产和生活方式受农耕意识影响较大，环境意识不强。虽然大气污染物有所排放，在人口集中的地方如城市有污染现象，但总体上处于环境的自净能力范围之内。加之中国内忧外患、战乱不断，环境保护这种"福利性"的事业还很难真正进入当局的议事日程。

新中国成立后，意识到实现国家复兴必须实现工业化，能源消耗开始较快增长，粗放的工业生产过程，尤其是全民大炼钢铁过程中的环境破坏更是触目惊心，曾几何时，那浓烟滚滚的大烟囱成了国家蓬勃发展的标志。20 世纪 60 年代末和 70 年代初，受世界环保运动、联合国人类环境会议及《人类环境宣言》的影响，基于我国的环境状况，环境污染的问题在我国开始受到初步重视。1974 年，国务院成立了环境保护领导小组，将工作重点放在城市"三废"（废水、废气、废渣）的处理上。1979 年 9 月《中华人民共和国环境保护法（试行）》颁布，恰值我国进入改革开放的新阶段，我国的环境保护从此有法可依，初步走上了法制化的道路。

我国最近 30 年发展的突出特点是以经济建设为中心，伴随着经济的高速发展，能源和资源消耗加剧，包括空气污染在内的环境问题日益凸显，发达国家在工业化过程中近百年分阶段出现的空气污染问题在我国集中暴发，复合性污染成为环境问题新的特点。可以想象，如果国家没有采取相应的对策，我国各地特别是大城市的空气状况会比今天恶劣得多（尽管我们并不满意今天的状况）。1987 年，我国通过了《大气污染防治法》，1995 年及 2000 年分别进行了两次修订，目前正在根据我国大气污染的实际情况，结合国内外的先进经验，进行第三次修订，有望将区域联防联控、总量控制、多污染物协同控制、VOCs 控制等内容纳入其中，甚至将温室气体纳入该法也在考虑之中，显示了空气污染和气候变化的紧密联系。同时，《大气空气质量标准》（GB 3095—82）于 1982 年发布实施，1996 年进行了第一次修订并更名为《环境空气质量标准》（GB 3095—1996），2000 年发布了 GB 3095—1996 修订单（环发[2000]1 号），2008 年开始进行第二次正式修订，2012 年 2 月 29 日由国务院正式公布新版的《环境空气质量标准》（GB 3095—2012），其中增加了 $PM_{2.5}$ 和 O_3 的最小限值，对空气质量达标提出了新的、更严格的要求，将于 2016 年在全国全面实施，这对各地开展空气污染防治提出了新的挑战。我们有理由相信，随着新标准的逐步实施，一段时间后，我国城市的空气污染将得到基本遏制和一定改善。

1.2.4.4　空气污染问题的国际化

应该说，最初的空气污染政策总体上是一个国家内部的行为，没有或很少有国际协作。20 世纪 60 年代后期，数个观测结果改变了人们认为空气污染只是一个地方性孤立问题的观点。越来越多的证据表明，污染物可以长距离传输，远离源区的地方也能观测到高浓度的特定污染物。就是说一个国家排放的污染物可对另一个国家带来不利影响，特别是带来了地表水的酸化，影响了生态系统，这直接促成了 1979 年《长距离跨界空气污染公约》（*Convention on Long-range Transboundary Air Pollution*）的问世。该公约强调通过科学协作和政策谈判处理联合国欧洲经济委员会（UNECE）区域的主要环境问题。公约后来扩大为 8 个"议定书"，规定缔约方削减空气污染物需采取的具体措施。

人类面临的另一个重要环境问题是平流层臭氧破坏问题。为避免工业产品中的 CFCs（氯氟碳化合物）继续损害和恶化地球的臭氧层，根据 1985 年《保护臭氧层维也纳公约》的原则，26 个成员国于 1987 年在加拿大的蒙特利尔签署了《关于消耗臭氧层物质的蒙特利尔议定书》（*Montreal Protocol on Ozone-Depleting Substances*），使共同保护地球大气环境、维护人类生存成为全球的共同意志，也是联络全球各国的重要纽带。

1.2.4.5　世界卫生组织标准

1987 年，世界卫生组织（WHO）首次提出了大气中一些主要污染物浓度限值的指导标准（包括颗粒物、SO_2、NO_2、O_3、CO、Pb、气态氟化物等），目的是为各国制定空气质量标准提供一个卫生基准，并于 1997 年推出了更新版。2005 年，世界卫生组织基于欧洲"空气质量标准"，经过修订和充实，编制了指导全球的第一份标准，即《空气质量准则》，首次确定了 PM_{10} 的指导值。

据世界卫生组织估计，室内和室外空气污染中的细小微粒每年使全世界 200 多万人死亡，如果将 PM_{10} 从 70 μg/m^3 减小到 20 μg/m^3，空气污染造成的死亡大约可降低 15%。与 PM_{10} 相比，$PM_{2.5}$ 危害更甚，它们可以抵达毛细支气管壁，并干扰肺内的气体交换。臭氧的危害也备受重视，世界卫生组织新标准将臭氧的每日限值从 120 μg/m^3 降至 100 μg/m^3。但实现这类标准对很多城市将是一项严峻的挑战，特别是不发达国家及日照天数多的国家。

1.3　回首：应对气候变化

1.3.1　大气层，我们的保姆

地球成为生命的摇篮，一个很重要的原因在于它被一层浓密的大气环绕着，这层大气由于重力作用而长期依附于地球周围，对地球上的生命起到必不可少的保护作用：一是吸收阳光中的紫外线，二是通过温室效应提高地表温度，三是昼夜变化降低地表温度，这样就形成了一个相对安全的辐射环境和相对适宜的气候环境。比如，如果没有地表大气的温室作用，地表的平均温度将不是现在的 14～15℃，而是−18℃以下（图 1-10）。其实，温室效应早在1824年就由 Joseph Fourier 提出来了，后来又被 Claude Pouillet 于1827年和1838年进一步论证，于1859年被 Hohn Tyndall 用试验观测证实，Svante Arrhenius 于1896年对其进行了完整的定量论述[12]。

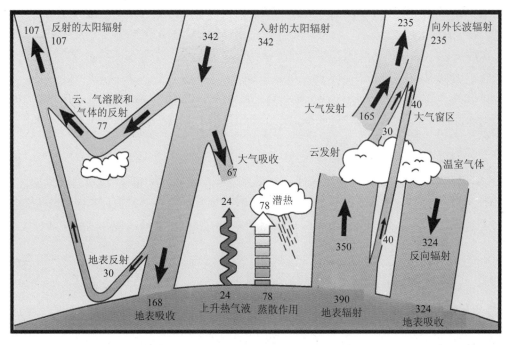

注：从长远的角度来看，地球和大气吸收的入射太阳辐射与它们释放的出射长波辐射是相等的。大约有一半的入射太阳辐射被地表吸收，这些能量通过加热地表空气、蒸散及被云及温室气体吸收的长波辐射等方式而转移至大气中。大气又通过长波辐射将能量返回地球或传往太空。图中单位为 W/m^2。
来自：Kiehl 和 Trenberth，1997。

图 1-10　地球的年度能量平衡

太阳系中的金星、地球和火星是姊妹星，有许多相似性，也有许多差异，也许这样的关系可以提示人类活动带来地球变暖的必然性。比如，它们都有大气，有风化的表面、大型火山及由化学和热力演变的内部结构，它们的大气都有云，并随太阳的热力作用流动，并因表面摩擦和行星自转效应而变化。但是，这三个星球还有明显的差异，特别是它们的气体"外套"更令我们感兴趣。我们知道，地球大气丰富的氧和氮起因于地球复杂的生物学过程，而海洋和淡水在这个生物学过程及地球气候演变过程中起到了关键的作用。地球的内侧近邻金星由于有紧密的 CO_2 大气层（约为地球的100倍），温室效应过于强烈，所以表面温度维持在比地球高约450℃的水平，没有也不可能有生命存在；地球外侧的火星，大气层主要是 CO_2，但云层很薄，大气压力只有地球的1%，所以火星温度从赤道的20℃到极区的−140℃，表面平均温度比地球低60℃，且不知什么时候还会受到沙尘暴的蹂躏；夹在中间的是我们的地球，有大气层且温室气体（主要是 CO_2）基本适宜，所以维持了良好的温度范围，这正是值得我们庆幸的地方[13]。

1.3.2 气候变化

我们经常提到的气候变化，是一个基于统计结果的持久的、显著的天气格局变化，尺度可跨越几十年到数百万年。造成气候变化的原因可能是自然因素，比如海洋过程（海洋环流）、日照指数、板块构造、火山喷发以及太阳周期等，也可能是人为因素。我们强调的是人为因素，因为自然因素不是我们能够控制的。

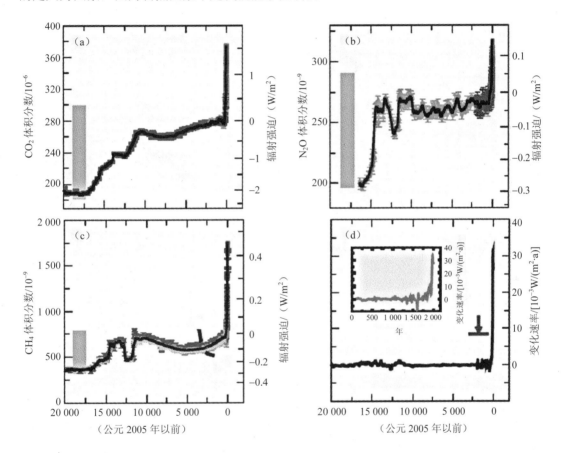

（公元 2005 年以前）　　　　　　　（公元 2005 年以前）

注：图为根据南极和格陵兰冰和积雪资料以及直接的大气观测资料（图 a、b、c 中的红色线条）重建的过去 2 万年里这些温室气体总辐射强迫的变化率。灰色区域表示重建的过去 65 万年的自然变率范围。辐射强迫变化率（图 d 中的黑色线条）是通过对浓度资料的样条拟合来计算的。冰芯资料所覆盖的年代际范围从快速积雪地点（如南极洲的 Law Dome）的 20 年变化到缓慢积雪地点（如南极洲的 Dome C）的 200 年。箭头表示 CO_2、CH_4 和 N_2O 的人为信号被相应于缓慢积雪地点 Dome C 的条件平滑掉后所产生的辐射强迫变化率的峰值。图 d 中出现在 1600 年左右的辐射强迫负变化率（显示出较高的分辨率），可能是源自 Law Dome 记录中体积分数大约 10×10^{-6} 的 CO_2 含量降低（IPCC 评估报告 2007，第一工作组技术摘要）。

图 1-11　温室气体浓度和辐射强迫

人为因素主要表现在化石燃料使用、森林减少带来的大气 CO_2 浓度的增长，这尤其表现在工业革命以来大气中温室气体浓度增长。据政府间气候变化专门委员会发布的第四个评估报告[14]，大气 CO_2 浓度已从工业化前的约 280×10^{-6}（体积分数）增加到了 2005 年的 379×10^{-6}。在工业化前的 8 000 年里，大气 CO_2 浓度仅增加了 20×10^{-6}，几十年到百年

尺度上的变化少于 $10×10^{-6}$，并且可能主要是由于自然过程本身引发的。然而，自 1750 年以来，CO_2 浓度已经增加了约 $100×10^{-6}$。2005 年之前的十年，CO_2 年增长率（1995—2005 年平均：每年 $1.9×10^{-6}$）高于有连续直接大气观测记录以来的年增长率（1960—2005 年平均：每年 $1.4×10^{-6}$）。1750 年以来长寿命温室气体 CO_2、CH_4 和 N_2O 浓度增加使地球总辐射强迫的增加率显著提升，这在过去 1 万多年里是无先例的（图 1-11）。在过去 40 年里，这些温室气体的总辐射强迫一直保持着大约 $1W/m^2$ 的增加速率，很可能比工业化时代前 2 000 年中的任何时候快 6 倍左右。在所有强迫因子中，这些长寿命温室气体所产生的辐射强迫具有最高的可信水平。伴随着温室气体的增加，地球气温持续上升并处于最高水平（图 1-12），长此下去人类将真的面临危险的气候变化[15-17]。

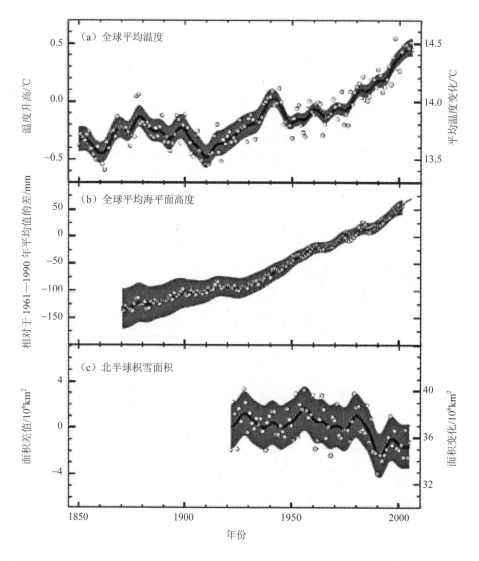

注：所有变化差异均相对于 1961—1990 年的相应平均值。各平滑曲线表示十年平均值，各圆点表示年平均值。阴影区为不确定性区间，根据已知的不确定性（a 和 b）和时间序列（c）综合分析估算得出。

图 1-12 已观测到的全球平均地表温度、平均海平面以及北半球积雪的变化

1.3.3 应对变暖的国际努力：IPCC 和 UNFCCC

1988 年，两个隶属于联合国的组织：联合国环境规划署（United Nations Environment Programme，UNEP）与世界气象组织（World Meteorological Organization，WMO）联合成立了一个政府间科学团体——政府间气候变化专门委员会（Intergovernmental Panel on Climate Change，IPCC），之后被联合国大会以 43/53 号决议对该科学组织加以认可。IPCC 是在人类明显感觉全球气候变化并呼吁开展全球共同努力的大背景下成立的，任务是对人为气候变化带来的风险、潜在的环境和社会经济影响及适应和减缓的选项等诸方面从当前科学、技术和经济社会信息方面进行综合性的科学评估。IPCC 成立以后，分别于 1990 年、1995 年、2001 年、2007 年和 2014 年发表了五个评估报告。

伴随着 IPCC 历次评估报告的发表，气候变化的讨论、谈判和排放权的斗争成为 20 多年来一道波澜壮阔且亮丽多姿的国际风景线，科学的发展与不足、国家的利益与纠葛、政治的冲突与妥协，都试图以人类最高利益代言人的姿态走上时代前台，上演着各自书写的动人诗篇。但毋庸置疑，人类有一个减缓气候变暖的梦想，试图以自己的智慧延续自身的可持续性。第一个 IPCC 评估报告的发表，促成了《联合国气候变化框架公约》（United Nations Framework Convention on Climate Change，UNFCCC）的诞生，该公约于 1992 年 5 月在纽约联合国总部通过，当年 6 月开放签署，1994 年 3 月生效，其最终目标是"将大气中温室气体的浓度稳定在防止气候系统受到危险的人为干扰的水平上"。公约的制定和签署意味着人类应对气候变化的理想开始具有全球意义，但是该公约没有对具体缔约方规定应承担的义务，也未规定实施机制。随着 IPCC 第二个评估报告的发表，在 1997 年达成了《京都议定书》，使温室气体的减排成为发达国家的义务。虽然这个议定书对全球温室气体减排起到了历史性的推动作用，但实践结果表明，发达国家并未按设想的计划完全履行自己的义务。议定书已于 2012 年到期，此前经历的多轮国际谈判总是在接近绝望时透出一缕霞光，体现了各国面对人类前途的共同期待及不同利益斗争。

1.4 走到一起来

前面简要回顾了人类面对空气污染和气候变化的历史，当其刚刚成为国际化议题的时候，人们并未充分意识到它们最终会走到一起。比如，当 1979 年《长距离跨界空气污染公约》签署时，人们很难想象这些控制污染的措施可能对全球气候有多大的影响；而当 IPCC 刚刚成立时，也没有过多考虑气候措施可能带来的环境影响。不过，本章开头提到的 SO_2 困惑成为人们协同面对空气污染和气候变化的导火索之一。

而且，我们有更多的理由将这两个问题融合到一起，按"一盘棋"的思想来筹划。比如，这两个问题都是源于人类活动，理应通过人类在调节自身活动方式的过程中来解决。化石燃料的使用及现代生活方式带来的过度能源消耗是温室气体和空气污染物共同的关键源头，所以人们有了努力的焦点。近年来进一步的研究越来越表明，黑碳和对流层臭氧既是人类活动产生的污染物，又是重要的温室物质，围绕二者的努力可以取得双赢的效果，为此本书将单独辟出两章分别讨论。同时，通盘考虑这两个问题，可以使人们统筹兼顾，将利益放到最大、将损失降至最低，何乐而不为？

这样看来，空气污染和气候变化从各自为政的孤立甚至对立的状态走到统一的道路上来，不仅是必要的，也是必需的。

结语

空气污染和气候变化曾经各自为政是有历史原因的，但当我们开始认识到这样下去的不足时，就不应该继续听之任之了。正是 SO_2 的控制给了我们很好的警醒，也促使人们开始统筹考虑这两个问题。不过，如果因为 SO_2 有抑制变暖的作用就任凭它无节制地排放，那又大错特错了。我们应该在碰撞中发现奇妙的火花而不是为自己的过错寻找理由，这正是本书的立意之一。

参考文献

[1] Shindell D，Faluvegi G. Climate response to regional radiative forcing during the twentieth century[J]. Nature Geoscience，2009，2：294-300.

[2] Stern D I. Reversal of the trend in global anthropogenic sulfur[J]. Global Environmental Change，2006，16：207-220.

[3] Shindell D，Faluvegi G. The net climate impact of coal-fired power plant emissions[J]. Atmospheric Chemistry and Physics，2010，10：3247-3260.

[4] Tollefson J. Asian pollution delays inevitable warming[J]. Nature，2010，463：860-861.

[5] Kerr R A. What happened to global warming? scientists say just wait a bit[J]. Science, 2009, 326（5949）：28-29.

[6] Knight J，Kennedy J J，Folland C，et al. Do global temperature trends over the last decade falsify climate predictions？[J]. Bulletin of the American Meteorical Society，2009，90（8）：S22-23.

[7] Allison I，Bindoff N L，Bindoff R A，et al. 2009. The Copenhagen diagnosis. Sydney，Australia：The Climage Change Research Centre（CCRC），University of New South Eales.

[8] Kaufmann R K，Kauppi H，Mann M L，et al. Reconciling anthropogenic climate change with observed temperature 1998-2008[J]. Proceedings of the National Academy of Sciences USA，2011，108（29）：11790-11793.

[9] EIA. Coal consumption-selected countries，most recent annual estimates，1980-2007. Available：www.eia.doe.gov/emeu/international/RecentCoalConsumptionMST.xls.

[10] Philander G S. El Nino，La Nina，and the Southern Oscillation[M]. San Diego，CA：Academic Press，1990.

[11] Swart R，Amann M，Raes F，et al. An editorial essay：A good climate for clean air：linkages between climate change and air pollution[J]. Climatic Change，2004，66：263-269.

[12] Held I M，Soden B J. Water vapor feedback and global warming[J]. Annual Review of Energy and

Environment，2000，25：441-475.

[13] Prinn R G，Fegley B. The atmospheres of Venus，Earth，and Mars-A critical composition[J]. Annual Review of Earth and Planetary Sciences，1987，15（A88-18742 06-91）：171-212.

[14] IPCC（政府间气候变化专门委员会）. 2007. 技术摘要：气候变化 2007：自然科学基础. 第四次评估报告第一工作组的报告.

[15] Pielke R，Wigley T，Green C. Dangerous assumptions[J]. Nature，2008，452：531-532.

[16] Smith J B，Schneider S H，Oppenheimer M，et al. Assessing dangerous climate change through an update of the Intergovernmental Panel on Climate Change（IPCC）"reasons for concern" [J]. Proceedings of the National Academy of Sciences USA，2009，106（11）：4133-4137.

[17] Solomon S，Plattner G K，Knutti R，et al. Irreversible climate change due to carbon dioxide emissions[J]. Proceedings of the National Academy of Sciences USA，2009，106：1704-1709.

第 2 章

本 是 同 根 生

导语

俗话说无风不起浪，空气污染和气候变化这两朵"浪"其实均发端于人类活动这股"风"，特别是进入工业革命后以资源开发和利用为目标，以燃料燃烧过程为标志的人类活动，不仅直接或间接推动了空气污染物排放，还带来了温室气体的排放。而且，有些排放本身既是污染物，又是温室物质（或其前体物），更应引起广泛的关注。

2.1 能源利用和转化是驱动社会经济发展的物质源泉

2.1.1 人类与能源利用

能源利用是促进人类文明发展的重要动力，而燃烧是能源利用的主要方法。工业革命以来，化石燃料成为最主要的能源形式，为现代文明提供了发展动力。当今社会，能源利用和转化已形成一个极其重要的行业，是驱动社会经济发展的物质源泉。

能源作为驱动整个社会发展的重要资源，越来越成为人们关注的焦点和热点。能源的定义更是各种各样、纷繁芜杂。中国《能源百科全书》上说："能源是可以直接或经转换提供人类所需的光、热、动力等任一形式能量的载能体资源"；《科学技术百科全书》上说："能源是可从其获得热、光和动力之类能量的资源"；《日本大百科全书》上说："在各种生产活动中，我们利用热能、机械能、光能、电能等来做功，可利用来作为这些能量源泉的自然界中的各种载体，称为能源"；《大英百科全书》上说："能源是一个包括着所有燃料、流水、阳光和风的术语，人类用适当的转换手段便可让它为自己提供所需的能量"。综上所述，能源形式多样，而且可以相互转换。总之，凡是能被人类加以利用以获得有用能量的各种资源都可以称为能源，包括煤炭、原油、天然气、煤层气、水能、核能、风能、太阳能、地热能、海洋能、生物质能等一次能源和电力、热力、成品油、煤气、焦炭、激光和沼气等二次能源[1]。

人类发现并且利用能源的时间与人类发生发展的时间一样漫长。人类掌握了火，是人类第一次真正运用能源，然而这仅仅是一个开始。此后，人类对能源利用的每一次重大突破都伴随着科技的进步，从而促进生产力大大发展，甚至引起社会生产方式的革命。根据各个历史阶段所使用的主要能源，人类利用能源的历史可以分为柴草能源时代、矿物能源时代和多能源时代。

2.1.2　柴草能源时代

火的利用是人类发展史上的一大飞跃，自从学会利用火，人类就逐渐结束了茹毛饮血、采摘野果的生活。原始人最初是从天然火中保存火种，点燃柴草堆取暖、吃熟食，同时还可起到抵御猛兽侵害的效果。人类利用柴草燃烧释放出的化学能，增强了抵御严寒和疾病的能力，使原始人寿命更长，增强了对自然的适应能力，加快了人类进化的步伐。随着原始人在与自然抗争的生产和生活实践中不断积累经验，人类掌握了钻木取火等取火的方法，使得人类生产力水平进一步提高，活动范围进一步扩大，人类不仅把柴草用于烧烤食物、驱寒取暖，还用来烧制陶器和冶炼金属等。这一时期，人类主要靠人力、畜力以及来自太阳、风和水的动力从事生产活动，逐步发展了农业文明。这一阶段能源的利用形式还是低级的，例如依靠人力或畜力拉磨，用水车提水，在太阳下晾晒谷物等。到 18 世纪产业革命之前，柴草一直是人类使用的主要能源[2]。

当今时代，煤炭、石油和天然气已经成为人们生产和生活中利用最多的能源，但柴草能源依然发挥着重要作用。在我国以及印度等国，尤其是在农村地区，不少居民仍以柴草作为做饭和取暖的主要能源。随着煤炭、石油等化石燃料的日益紧张，人们开发了大量利用柴草等生物质能源的新炉灶、新技术，柴草这一古老的能源品种再次受到人们的关注。

2.1.3　矿物能源时代

人类对矿物能源的利用早在公元前几百年就已经开始了。史料记载，中国汉朝时期人们就开始用煤炼铁，炼铁技术使人类在制造工具方面大大地前进了一步，铁器的制造极大地促进了农业文明的发展[2]。

2.1.3.1　煤炭能源时期

煤是发热量很高的一种固体燃料，它的主要成分是碳（C），还有一定量的氢（H）和少量的氧（O）、氮（N）、硫（S）和磷（P）等。煤是古代植物埋藏在地下经历了复杂的生物化学和物理化学变化逐渐形成的固体可燃性矿物，是多种有机物和无机物的复杂混合物。煤是主要的化石燃料，煤炭的燃烧使人类获得了更高的温度，在历史上曾经极大地推动了金属冶炼技术的发展，我国河南巩义市发现了西汉时用煤饼炼铁的遗址。另外，煤也是重要的工业原料，煤经过干馏，可以得到焦炭、煤焦油和焦炉煤气。焦炭是炼铁的主要原料；煤焦油中可提取苯、萘、酚等化工原料；焦炉煤气是主要的气体燃料，可以供居民炊事，大大减少了燃用煤炭排放的污染物。

18 世纪初开始，西方国家开始逐渐利用煤炭来取代木柴，煤炭开始成为主导能源。1712 年，托马斯·纽科门发明了燃煤蒸汽机，西方国家开始以蒸汽动力来代替古老的人力、风力和水力，能源发展进入一个全新的时代，人类社会也因蒸汽机的发明步入了工业文明时代。1781 年，瓦特发明了改良蒸汽机，欧洲国家开始大规模使用煤炭作为动力，标志第一次工业革命开始。伴随着冶金工业、机械工业、交通运输业、化学工业等的发展，煤炭的需求量与日俱增，直至 20 世纪 40 年代末，在世界能源消费中煤炭仍占首位。目前世界能源利用结构中煤炭仍占据着十分重要的地位，我国作为一个煤炭大国，能源结构以煤炭为主的状况已经持续了几十年，未来可能还要延续相当长的时间[3]。据 2011 年《中国统计年鉴》显示，2011 年我国能源总消费量达 34.8 亿 t 标准煤，其中煤炭占 68.4%，石油占 18.6%，天然气占 5%，水电、核电、风电占 8%（图 2-1）[4]。

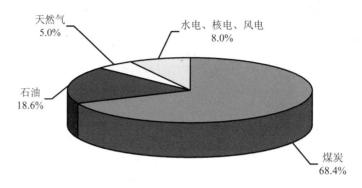

天然气 5.0%

水电、核电、风电 8.0%

石油 18.6%

煤炭 68.4%

资料来源：国家统计局. 中国统计年鉴（2011 年）.北京：中国统计出版社，2012。

图 2-1　2011 年我国能源消费构成[4]

2.1.3.2　石油、天然气能源时期

人类社会发现石油以后，能源再度暴发革命性进展，人类文明进入更高层次。1859年，埃德温·德雷克在宾夕法尼亚州打出第一口油井，标志着现代石油工业首先在美国产生。人们开始大规模利用石油作为动力资源，促使全球性工业革命由欧洲迅速向全球推广和延伸，伴随着新技术、新发明、新创造和新机器的出现，内燃机、汽车、轮船、飞机等在地球诞生，从而彻底改变了人类文明，改变了人类社会的生产模式、生活方式和交通运输条件。

第二次世界大战之后，在美国、中东、北非等地区相继发现了大油田及伴生的天然气，每吨原油产生的热量比每吨煤高一倍。石油炼制得到的汽油、柴油等是汽车、飞机用的内燃机燃料。世界各国纷纷投资石油的勘探和炼制，新技术和新工艺不断涌现，石油产品的成本大幅度降低，发达国家的石油消费量猛增。到 20 世纪 60 年代初期，在世界能源消费统计表里，石油和天然气的消耗比例开始超过煤炭而居首位[3]。

伴随着石油资源的开发和利用，科学技术取得突飞猛进的发展，各种新技术、新发明层出不穷，并被迅速应用于工业生产，人类社会发展进入了第二次工业革命时期，此时，科学技术的突出发展主要表现在三个方面，即电力的广泛应用、内燃机和新交通工具的创制、新通信手段的发明。1879 年，爱迪生发明电灯，人类告别了黑暗。以电力为动力基础的现代信息通信技术，尤其是互联网技术迅速发展，让空间变小，距离缩短，为世界各国从事经济贸易联系奠定了技术基础，全球化和贸易自由化成为时代主流。因为有电力，现代电子、通信、计算机、互联网等技术才可以有足够的动力基础。继而伴随着原子能、电子计算机、空间技术和生物工程的发明和应用，第二次世界大战后人类步入了第三次工业革命时期，并在20 世纪 50 年代中期至 70 年代初期达到高潮，70 年代以后进入一个新阶段[5]。

在当今世界，矿物燃料提供世界 91% 的一次商品能源，其中煤炭占 28%，石油超过

40%。据估计，占世界目前耗能 80%的化石燃料（煤炭、石油、天然气）的最终可采量相当于 33 730 亿 t 原煤，而世界能耗正以每年 5%的速度增长，预计只够人类使用一二百年。石油、天然气等优质能源正逐步枯竭，新能源的开发利用还没有重大突破，目前世界正处在青黄不接的能源低谷时期[6]。

2.1.4　多能源时代

20 世纪以来，随着矿物能源使用带来的大气污染和温室气体排放等负面影响越来越大，人们更加重视通过不同途径寻求能源。各国纷纷加大水电和核能的开发力度。比如，欧洲的瑞士、法国等国家，水电和核电在能源消费总量中占的比例已经远超燃煤发电。核能的和平利用，使人类找到了一种潜力巨大的能源。此外，人类开发利用的新能源还有太阳能、风能、地热能、海洋能、生物质能、氢能等。比如，太阳能充足的地区，人们可以利用太阳能发电、烧水做饭等；在多风的海岛或乡村地区建造风力发电装置，沿海地区则可以利用潮汐能发电或供暖。同时信息技术的发展极大地提高了能源利用效率，比如人们可通过智能电网来调节供电，最大限度地节约用电，从而使有限的能源得到充分利用。

2.2　以燃烧为特征的人类活动是空气污染和气候变化的重要根源

2.2.1　燃烧的定义

"燃烧"的一般性化学定义为：可燃物与助燃物（氧化剂）发生的一种剧烈的、发光发热的化学反应。"燃烧"的广义定义为：任何发光发热的剧烈的反应，不一定要有氧气参加。比如金属钠（Na）和氯气（Cl_2）反应生成氯化钠（NaCl），该反应没有氧气参加，但却是剧烈的、发光发热的化学反应，同样属于燃烧范畴；同时也不一定是化学反应，比如核燃料燃烧。轻核的聚变和重核的裂变都是发光发热的核反应，而不是化学反应[7]。

这里我们所说的"燃烧"指的是第一类一般性化学定义，是可燃混合物发生强烈的氧化还原反应，同时发生热和光的现象。它具有发光、发热、生成新物质三个特征，最常见、最普遍的燃烧现象是可燃物在空气或氧气中的燃烧。多数化石燃料完全燃烧的产物是 CO_2 和水蒸气。然而，不完全燃烧过程将产生黑烟、CO 和其他部分氧化产物等大气污染物。若燃料中含有硫和氮，则会产生 SO_2 和 NO（一氧化氮），以污染物形式存在于烟气中。此外，当燃烧室温度较高时，空气中的部分氮也会被氧化成 NO_x，常称为热力型氮氧化物（thermal NO_x）[8]。

2.2.2　燃烧的条件

燃烧必须同时具备三个条件：可燃物、氧化剂、引火源。可燃物是指能与空气中的氧或氧化剂起剧烈反应的物质。可燃物包括可燃固体、可燃液体、可燃气体。凡能帮助和支持可燃物燃烧的物质，均称为氧化剂，常见的氧化剂是空气中的氧以及氟和氯等[7]。

具备上面三个条件并不能一定使物料完全燃烧，要使物料完全燃烧，还必须具备如下条件[8]。

（1）空气条件

很显然，燃料燃烧时必须保证供应与燃料燃烧相适应的空气量。如果空气供应不足，燃烧就不完全。相反，如果空气量过大，也会降低炉温，增加锅炉的排烟热损失。因此，按燃烧不同阶段供给相适应的空气量是十分必要的。

（2）温度条件

燃料只有达到着火温度，才能与氧作用而燃烧。着火温度是在氧存在下可燃质开始燃烧所必须达到的最低温度。各种燃料都具有特征着火温度，按固体燃料、液体燃料、气体燃料的顺序依次升高。当温度高于着火温度时，只有燃烧过程的放热速率高于向周围的散热速率，从而能够维持在较高的温度时，才能使燃烧过程继续进行。

（3）时间条件

燃料在燃烧室中的停留时间是影响燃烧完全程度的另一个基本因素。燃料在高温区的停留时间应超过燃料燃烧所需要的时间。因此，在所要求的燃烧反应速率下，停留时间将取决于燃烧室的大小和形状。反应速率随温度的升高而加快，所以在较高温度下燃烧所需要的时间较短。设计者必须面对这样一个经济问题：燃烧室越小，在可利用时间内氧化一定量的燃料的温度就必须越高。

（4）燃料与空气的混合条件

燃料和空气中氧的充分混合也是有效燃烧的基本条件。混合程度取决于空气的湍流度。若混合不充分，将导致不完全燃烧产物的产生。对于蒸汽相的燃烧，湍流可以加速液体燃料的蒸发。对于固体燃料的燃烧，湍流有助于破坏燃烧产物在燃料颗粒表面形成的边界层，从而提高表面反应的氧利用率，并使燃烧过程加速[8]。

2.2.3　燃料的性质

燃料是指用以产生热量或动力的可燃性物质，主要是含碳物质或碳氢化合物，包括固体、液体和气体，见表 2-1[9]。

表 2-1　燃料分类

来源	状态		
	固体	液体	气体
天然	薪柴、煤	石油（原油）	天然气
人工	木炭 焦炭 型煤（蜂窝煤、煤球）	汽油、柴油、重油等石油加工产品 合成液体燃料	石油气 焦炉煤气 高炉煤气 水煤气

2.2.3.1　煤

煤是植物遗体经过生物化学作用，又经过物理化学作用而转变成的沉积有机矿物，是多种高分子化合物和矿物质组成的混合物。不同种类的植物及其不同的腐蚀程度，形成不同成分的煤。植物性原料转变成煤的过程称为煤化过程，这个过程是分阶段发生的，并形成各种各样的煤。根据煤的煤化程度，我国所有的煤可分为褐煤、烟煤和无烟煤三大类。褐煤：褐煤是最低品位的煤，是由泥煤形成的初始煤化物，形成年代最短，呈黑色、褐色或泥土色，其结构类似于木材。褐煤呈现出黏结状及带状，水分含量高，与高品位煤相比，其热值较低。烟煤：烟煤的形成年代较褐煤长，呈黑色，外形有可见条纹，挥发分含量为 20%~45%，碳含量为 75%~90%。烟煤的成焦性较强，且含氧量低，水分和灰分含量一般不高，适宜工业上的一般应用。在空气中，它比褐煤更能抵抗风化。无烟煤：无烟煤是碳含量最高、煤化时间最长的煤。它具有明亮的黑色光泽，机械强度高。碳的含量一般高于 93%，无机物含量低于 10%，因而着火困难，储存稳定，不易自燃。无烟煤的成焦性极差[8]。

根据煤化度和工业利用的特点，可将褐煤分成 2 个小类，无烟煤分成 3 个小类。烟煤比较复杂，按挥发分分为 4 个档次，即按挥发分 V_{daf} 为 10%~20%、20%~28%、28%~37% 和大于 37%，分为低、中、中高和高 4 种挥发分烟煤。按黏结性可以分为 5 个或 6 个档次，即黏结性 GRI 为 0~5，称为不黏结或弱黏结煤；GRI 为 5~20，称为弱黏结煤；GRI 为 20~50，称为中等偏弱黏结煤；GRI 为 50~65，称为中等偏强黏结煤；GRI 大于 65，称为强黏结煤[10]。煤中的主要成分包括碳、氢、氧、氮、硫、磷等元素，煤炭的工业分析指标通常包括水分、灰分、挥发分和固定碳等。

2.2.3.2 液体燃料

液体燃料有天然液体燃料和人工液体燃料两大类。前者指石油及其加工产品；后者指从煤中提炼出的各种燃料油等。

石油是一种黑褐色的黏稠液体，由各种不同族和不同分子量的碳氢化合物混合组成，主要为烷烃、环烷烃、芳香烃和烯烃，此外，含有少量的硫化物、氧化物、氮化物、水分和矿物杂质。按照所含碳氢化合物的种类，原油可分为：

石蜡基原油：含石蜡族（烷烃 C_nH_{2n+2}）碳氢化合物较多。主要生产润滑油和煤油。

烯基原油：含烯烃（C_nH_{2n}）较多，主要生产柴油和润滑油。

中间基原油：烷烃和烯烃含量大体相等，也叫混合基原油，主要生产大量直馏汽油和优质煤油。但汽油的辛烷数不高，含蜡较多。

芳香基原油：含芳香烃较多，在自然界储存量很少，可生产辛烷数很高的汽油。缺点是其产生的煤油容易冒烟[11]。

2.2.3.3 气体燃料

气体燃料包括天然气和人造煤气。天然气是指近油田或煤田的地层中逸出的天然燃料。人造煤气包括石油气、焦炉煤气、高炉煤气、水煤气、发生炉煤气和城市煤气。

其中，石油气是冶炼石油时的副产品（又称液化石油气）；焦炉煤气是煤在炼焦炉中炼焦时的副产品；高炉煤气是高炉炼铁时的副产品；水煤气是水蒸气与炽热的无烟煤或焦炭在煤气发生炉中作用而产生的煤气；发生炉煤气是用空气和少量水蒸气将煤或焦炭在煤气发生炉中作用而产生的煤气；城市煤气是用烟煤干馏或石油裂化等方法制取的煤气[11]。

2.2.4　燃烧污染物

综上所述，各种固体、液体和气体燃料燃烧后的主要产物是 CO_2 和水蒸气，CO_2 是重要的温室气体，同时由于不同种类的燃料不但含有碳和碳氢化合物等可燃组分，也含有硫、氮、铝、硅、铁、锰、汞、铅、砷、镉、铬等地壳元素和重金属元素，因此，煤炭、石油和天然气等不同形态的燃料燃烧时均会产生 SO_2、NO_x、CO、烟尘等大气污染物和 CO_2、黑碳等气候变化物质。下面以 NO_x 为例介绍燃烧过程中主要大气污染物的产生过程。

煤炭燃烧产生的 NO_x 分燃料型 NO_x 和热力型 NO_x。产生燃料型 NO_x 的量与燃料的含氮量有关。不同燃料的含氮量相差较大，从不足万分之一到 1.2%，油中的氮以含 N 的链状碳氢化合物形式存在。煤中的氮含量为 0.4%~2.9%，以环状含氮化合物（如吡啶、喹啉、吲哚）等形式存在。

燃料型 NO_x 的生成机理非常复杂，它的生成和破坏过程与燃料中的氮分受热分解后在挥发分和焦炭中的比例有关，随温度和氧分等燃烧条件而改变。氮化合物首先转化成能够随挥发分一起从燃料中析出的中间产物如氰（HCN）、氨（NH_3）和 CN，这部分氮称为挥发分 N，生成的 NO_x 占燃料型 NO_x 的 60%~80%。而残留在焦炭中的含氮化合物称为焦炭N，由焦炭 N 生成的 NO_x 占燃料型 NO_x 的 20%~40%。

挥发分 N 中最主要的化合物是 HCN 和 NH_3。前者遇氧后生成 NCO，继续氧化则生成NO；如还原则生成 NH，最终变成 N_2；已经生成的 NO 也可以还原成 N_2。挥发分 N 中NH_3 可以被氧化成 NO，也可以将 NO 还原成 N_2，即 NH_3 可能是 NO 的生成源，也可能成为 NO 的还原剂[12]。

2.3　资源开发和利用过程的排放

如前所述，化石燃料的燃烧是人类生活必需的光和热以及动力的源泉，是社会发展的驱动力。然而除燃烧过程外，其他资源开发和利用过程也会产生大量的温室气体和空气污染物。这些资源开发和利用过程包括煤炭和石油开采，水泥、钢铁等工业生产，喷漆、涂料装修、石油储运等人为 VOCs 排放等。

2.3.1　煤炭和石油开采

2.3.1.1.　煤炭开采

煤炭开采过程的大气污染物和温室气体排放主要包括矿井排放的瓦斯以及井下其他作业过程产生的有害气体，煤矿矸石山自燃排放的有害气体，以及装卸场所、贮存场所的扬尘和煤炭运输导致的道路扬尘。

我国大部分煤矿都有瓦斯，高瓦斯、煤与瓦斯含量高的矿井占 20%左右。矿井排放的瓦斯中含有大量 CH_4，是煤矿事故的重要因素，而且 CH_4 产生的温室效应是 CO_2 的 21 倍，是一种重要的温室气体。此外，井下其他作业过程中还产生部分有害气体，如井下爆破掘巷和爆破采煤中使用硝铵炸药放炮时产生 CO、NO_x、CO_2 和 H_2S（硫化氢）等有害气体；

井下作业使用的凿岩台车、柴油机牵引单轨吊机车等柴油动力机械排放大量 NO_x；井下煤炭自燃产生 CO 和 CO_2 等。井下通常采用的通风方式是将有害气体抽出矿井排入大气中，这样井下作业产生的 CO、NO_x、CO_2、H_2S 和 CH_4 等大气污染物和温室气体就会通过井下通风排出，影响大气环境和全球气候。

煤矸石升井以后，往往集中堆放，甚至形成矸石山。煤矸石发热自燃产生大量 CO、CO_2、SO_2 和 H_2S 等有毒有害气体，严重污染大气环境，也损害了周围居民的身体健康[13,14]。

2.3.1.2 石油开采

石油开采业会造成部分石油以及油气泄漏，对开采平台周围的生态环境造成危害，泄漏的油气会污染石油平台周围的大气环境。

在油气集输过程中，原油储罐、油气储罐以及输油管线等会由于泄漏向大气中排放烃类气体。在天然气净化过程中，应采用实用高效的硫回收技术，在回收硫资源的同时，控制 SO_2 排放，但脱硫装置尾气中仍会有部分残余的含硫化合物进入大气，污染环境。采油期间的排污一般发生在修井作业过程中及突发井喷造成的原油外溢。因此，石油、天然气开采过程中由于修井作业、井喷以及管道泄漏等原因向大气中排放 VOCs、SO_2 等大气污染物以及 CH_4 等温室气体，影响大气环境和全球气候。由于石油、天然气生产的特殊性，该行业排放的大气污染物具有分布散、既有点源又有面源、既有有组织排放又有无组织排放的特点，因此监管难度较大[15,16]。

2.3.2 水泥、钢铁等工业生产

水泥、钢铁等工业生产是典型的资源利用过程，即将自然界本身存在的矿物资源通过高温焙烧、冶炼等过程，使其发生物理、化学变化，成为人类社会必需的金属或非金属材料。这些资源利用过程往往也伴随着温室气体和大气污染物的排放。

水泥生产是以石灰石和黏土为主要原料，经破碎、配料、磨细制成生料，然后送入水泥窑中煅烧成熟料，再将熟料加适量石膏，有时还掺加混合材料或外加剂，磨细而成。水泥生产方法可分为干法（包括半干法）与湿法（包括半湿法）两种。20 世纪 90 年代以来，我国水泥行业的发展突飞猛进，新型干法成为水泥生产的主要工艺。水泥行业是我国继电力、钢铁之后的第三大用煤“大户”，由于生产过程中消耗大量煤炭，同时石灰石在高温下也释放大量有害气体，因此水泥生产过程中排放大量 CO_2、NO_x、SO_2 以及粉尘和汞。水泥行业 CO_2 的排放量仅次于电力行业，位居全国第二。水泥行业成为我国重要的大气污染排放行业[17]。

钢铁生产主要包括烧结、焦化、炼铁、炼钢、轧钢等工艺。我国钢铁的产量已经连续十多年居世界之首，但我国钢铁企业每生产 1 t 钢所用的矿石、煤炭、电力等资源远远高于发达国家，甚至超过世界平均水平[18]。据统计，2010 年我国钢铁工业 SO_2、NO_x、烟尘和粉尘的排放量分别占工业排放总量的 9.5%、6.3%、9.3% 和 20.7%[19]。在钢铁工业各生产工艺中，烧结、焦化、炼铁的大气污染物排放量最高。其中，烧结工艺向大气排放的 SO_2、NO_x、粉尘以及二噁英和汞等重金属，是当前我国大气污染物总量控制的重点对象。焦化工艺主要是通过煤的高温干馏生产焦炭，作为钢铁工业的主要原材料，焦化生产过程中的

装煤、推焦、熄焦等工艺中都有大量无组织排放，主要大气污染物包括烷烃、烯烃、苯系物等挥发性有机物以及粉尘。炼铁工艺排放的大气污染物主要是 CO 和粉尘。由于钢铁工业生产过程中使用大量煤炭、焦炭以及一定量的重油和天然气，生产过程中存在大量燃烧、焙烧、熔炼和加热等过程，因此钢铁生产过程中也排放大量的 CO_2、CH_4 等温室气体。据统计，我国钢铁工业的 CO_2 排放仅次于电力和建材，位居第三。由于钢铁生产的烧结、焦化、炼铁、炼钢等绝大多数工艺中都有 CO_2 排放，钢铁工业最终外排的温室气体中以 CO_2 占绝大多数，CH_4 主要来自焦化等工艺[20]。

2.3.3　人为源 VOCs 排放

VOCs 是大气光化学反应的重要前体物，按化学结构可以分为烷类、芳烃类、酯类、醛类和其他等，目前已鉴定出的有 300 多种，最常见的有苯、甲苯、二甲苯、苯乙烯、三氯乙烯、三氯甲烷、三氯乙烷、二异氰酸酯（TDI）、二异氰甲苯酯等[21]。VOCs 主要人为排放源包括建筑装修、干洗行业、石油化工、制药、涂装、印刷、加油站、油品储运、家具制造、电子设备等。也就是说，VOCs 主要人为排放源涉及 VOCs 相关资源开发和利用的全过程，涵盖 VOCs 生产过程环节，VOCs 产品的储存、运输和营销环节，以 VOCs 为原料的工艺过程环节和含 VOCs 产品的使用过程环节[22,23]。

2.4　主要温室气体和大气污染物

2.4.1　主要温室气体

温室气体之所以有温室效应，是由于其本身有吸收红外线的能力，从而导致气温升高，引发一系列的气候变化和人体健康问题。地球大气中重要的温室气体包括 CO_2、O_3、N_2O、CH_4、氢氟氯碳化物类（CFCs、HFCs、HCFCs）、全氟碳化物（PFCs）及六氟化硫（SF_6）等。其中后三类气体造成温室效应的能力最强，但依据对全球升温的贡献百分比来说，CO_2 由于含量较多，所占的比例也最大，其对温室效应的贡献约占 55%，而大气中的 CO_2 有 70%是化石燃料燃烧排放的。CO_2 和几种主要温室气体对温室效应的贡献如图 2-2 所示[24]。

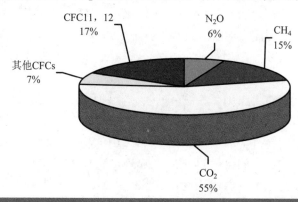

图 2-2　几种主要温室气体对温室效应的贡献

IPCC 2007 年的评价报告指出：工业化时代以来，人类活动已引起全球温室气体排放增加，1970—2000 年增加了 70%，其中 CO_2 的排放增加了大约 80%。自 1750 年以来，由于人类活动，全球大气中 CO_2、CH_4 和 N_2O 的浓度已明显增加。自 1961 年以来，全球平均海平面上升的平均速率为每年 1.8 mm，而从 1993 年以来平均速率提高到每年 3.1 mm。最近 100 年（1906—2005 年）的温度线性趋势为 0.74℃。全球温度普遍升高，北半球高纬度地区温度升幅较大，陆地区域的变暖速率比海洋快。20 世纪中叶以来，全球平均温度的升高很可能是由于人为温室气体浓度增加所导致的[25]。

2.4.2　二氧化硫

常温下为无色有刺激性气味的有毒气体，密度比空气大，易液化，易溶于水（约为 1∶40），密度 2.551 g/L（气体，20℃下），熔点：-72.4℃（200.75K），沸点：-10℃（263K）。大气主要污染物之一。火山喷发时会喷出该气体，在许多工业过程中也会产生 SO_2。人为活动是造成 SO_2 大量排放的主要原因。由于煤和石油通常都含有硫化合物，因此燃烧时会生成 SO_2。SO_2 溶于水中，会形成亚硫酸（酸雨的主要成分）。若把 SO_2 进一步氧化，通常在催化剂（如 NO_2）的存在下，便会生成硫酸，进而污染区域环境，导致酸沉降。近年来，人们开始关注由 SO_2 等气态污染物在大气中形成的二次细颗粒，它不仅影响人体健康、大气可见度，甚至会导致全球气候变化[26]。

2000 年全球排入大气的 SO_2 总量约为 $1×10^8$ t，其中亚洲占 39%，欧洲占 19%，北美洲占 22%，其他地区占 20%。煤炭、石油等化石燃料燃烧造成的排放占 80%[27]。2002 年以来我国 SO_2 的排放量由 1 927 万 t 增加到 2005 年的 2 549 万 t，其中火电厂 SO_2 排放量为 654 万 t，约占全国工业 SO_2 排放量的 42%。随着"十一五"SO_2 总量控制工作的不断开展，2007 年我国 SO_2 排放量出现下降，SO_2 污染问题开始得到一定程度的缓解[28,29]。

2.4.3　氮氧化物

NO_x 包括多种化合物，如 N_2O、NO、NO_2、N_2O_3（三氧化二氮）、N_2O_4（四氧化二氮）和 N_2O_5（五氧化二氮）等。NO 是无色、无刺激气味的不活泼气体，可被氧化成 NO_2。NO_2 是棕红色有刺激性臭味的气体。除 NO_2 以外，其他 NO_x 均极不稳定，遇光、湿或热变成 NO_2 及 NO，NO 又变为 NO_2。N_2O_5 为固体，其余均为气体。NO_x 都具有不同程度的毒性。大气中 NO_x 的来源主要有两个方面：一方面是由自然界的固氮菌、雷电等天然源产生，每年约生成 $5×10^8$ t；另一方面是由人为活动所产生，每年全球产生量大于 $5×10^7$ t。在人为产生的 NO_x 中，由火力发电、燃煤锅炉和机动车尾气等燃料高温燃烧产生的占 90% 以上，其次是硝酸生产、氮肥生产、炸药生产和金属冶炼等生产工艺。美国 1999 年统计，人为活动排放的 NO_x 约 55.5% 来自交通运输，39.5% 来自固定源燃烧，3.7% 来自工业过程，1.3% 来自其他源。[27]

2.4.4　挥发性有机物

根据世界卫生组织的定义，VOCs 是指沸点在 50～250℃，室温下饱和蒸气压超过 133.32Pa，在常温下以蒸汽形式存在于空气中的一类有机物。按其化学结构的不同，可以进一步分为八类：烷类、芳烃类、烯类、卤烃类、酯类、醛类、酮类和其他。VOCs 的主要成分有：烃类、卤代烃、氧烃和氮烃，它包括：苯系物、有机氯化物、氟利昂系列、有机酮、胺、醇、醚、酯、酸和石油烃化合物等。VOCs 的主要来源：在室外，主要来自燃料燃烧、交通运输、建筑装修、干洗行业、石油化工、制药、涂装、印刷、加油站、油品储运、家具制造、电子设备制造等；而在室内则主要来自燃煤和天然气等燃烧产物、吸烟、采暖和烹调等的烟雾，建筑和装饰材料、家具、家用电器、清洁剂和人体本身的排放等。在室内装饰过程中，VOCs 主要来自油漆、涂料和胶黏剂。

VOCs 的危害很明显，对人体健康的影响主要是刺激眼睛和呼吸道，使皮肤过敏，令人头痛、咽痛和乏力，而且很多组分具有致癌作用。VOCs 不仅作为污染物危害人类健康，还作为前体物，生成二次气溶胶和臭氧，而气溶胶和臭氧是城市空气污染的重要因子[30]。魏巍基于部分实测估算了我国 2005 年 VOCs 排放量为 1 940 万 t，其中烷烃占 20%，不饱和烃占 21%，苯系物占 30%[31]。

2.4.5 氨

氨是一种无色气体，有强烈的刺激气味。极易溶于水，常温常压下 1 体积 H_2O 可溶解 700 体积 NH_3。NH_3 对地球上的生物相当重要，它是所有食物和肥料的重要成分，也是所有药物直接或间接的组分。NH_3 用于制氨水、液氨、氮肥、HNO_3、铵盐、纯碱，广泛应用于化工、轻工、化肥、制药、合成纤维、塑料、染料、制冷剂生产等。由于 NH_3 与酸反应生成铵盐，因此排入大气中的 NH_3 也是二次气溶胶的主要前体物之一，如 NH_3 与空气中的硫酸根离子和硝酸根离子反应生产硫酸盐和硝酸盐，这些都是 $PM_{2.5}$ 的重要组分。NH_3 对人体的眼、鼻、喉等有刺激作用，接触时应小心。如果不慎接触过多的 NH_3 而出现病症，要及时吸入新鲜空气和水蒸气，并用大量水冲洗眼睛[32]。北京大学宋宇等的研究发现，2006 年中国氨排放总量为 980 万 t，主要来自畜牧业和农田化肥施用[33]。

2.4.6 臭氧

O_3 是大气中的一种微量气体，是氧的同素异形体，大气中氧分子受太阳辐射分解成氧原子，氧原子又与周围的氧分子结合形成 O_3。大气中 90%以上的 O_3 存在于大气层的上部或平流层，离地面有 10～50 km，这就是保护地球上的动植物免受紫外线辐射的大气臭氧层。O_3 在平流层起到了保护人类与环境的作用，但对流层 O_3 浓度增加，会对人体健康产生有害影响，O_3 对眼睛和呼吸道有刺激作用，对肺功能也有影响。

O_3 是大气中的一种二次污染物，前述 NO_x 和 VOCs 是 O_3 的重要前体物。其中 VOCs 主要来自于汽车尾气、燃料燃烧、石化工业。O_3 是光化学烟雾的主要成分，汽车排放的 NO_x，只要在阳光辐射及适合的气象条件下就可以生成 O_3。随着汽车和工业排放的增加，O_3 污染在欧洲、北美、日本以及我国的许多城市中已成为环境空气中的重要污染因子[34]。

2.4.7 烟尘

烟尘是燃料燃烧、高温熔融和化学反应等过程产生的一种固体颗粒气溶胶。根据我国的习惯，一般将冶金过程或化学过程形成的固体粒子气溶胶称为烟尘；燃烧过程产生的飞灰和黑烟，在不必细分时，也称为烟尘，在其他情况或泛指固体粒子气溶胶时，通称为粉尘[35]。

烟尘主要来源于燃料中的灰分，其主要成分是铝（Al）、硅（Si）、钙（Ca）、铁（Fe）、镁（Mg）等地壳元素，不完全燃烧产生的黑碳、碳氢化合物，铅（Pb）、镉（Cd）、铬（Cr）、汞（Hg）、砷（As）等重金属元素，以及硫酸盐、硝酸盐等二次粒子。

燃煤烟尘是大气中最重要的一次颗粒物，是 $PM_{2.5}$ 的重要来源，由于 $PM_{2.5}$ 严重影响大气能见度，燃煤烟尘也是大气霾产生的重要原因。黑碳作为烟尘中的重要组分，既是大气污染物，也是重要的温室气体，目前引起了大气科学界的广泛关注。

2.4.8　重金属

重金属一般指密度大于 $4.5~g/cm^3$ 的金属，如铅（Pb）、砷（As）、镉（Cd）、铬（Cr）、汞（Hg）、铜（Cu）、金（Au）、银（Ag）等。有些重金属通过食物进入人体，干扰人体正常生理功能，危害人体健康，被称为有毒重金属。这类金属元素主要有铅（Pb）、镉（Cd）、铬（Cr）、汞（Hg）、砷（As）等。

汞（Hg）主要危害人的神经系统，使脑部受损，汞中毒易引起四肢麻木、运动失调、视野变窄、听力困难等症状，重者心力衰竭而死亡。中毒较轻者出现口腔病变、恶心、呕吐、腹痛、腹泻等症状，也可对皮肤黏膜及泌尿、生殖等系统造成损害。在微生物作用下，甲基化后毒性更大；镉（Cd）可在人体中积累引起急、慢性中毒，急性镉中毒可使人呕血、腹痛，最后导致死亡；慢性镉中毒能使肾功能损伤，破坏骨骼，致使骨痛、骨质软化、瘫痪；铬（Cr）对皮肤、黏膜、消化道有刺激和腐蚀性，致使皮肤充血、糜烂、溃疡、鼻穿孔，患皮肤癌。可在肝、肾、肺积聚；砷（As）慢性中毒可引起皮肤病变，神经、消化和心血管系统障碍，有积累性毒性作用，破坏人体细胞的代谢系统；铅（Pb）主要对神经、造血系统和肾脏造成危害，损害骨骼造血系统引起贫血，脑缺氧、脑水肿，出现运动和感觉异常[36]。

据北京师范大学田贺忠等估算，我国燃煤产生的汞排放量从 1980 年的 73.59 t 增长到 2007 年的 305.95 t，砷排放量从 1980 年的 635.57 t 增长到 2007 年的 2 205.50 t，可见，经济增长导致重金属排放量快速增长[37]。

2.4.9　短生命气候污染物

更有意思的是当前在国际上红红火火的"短生命气候污染物"，恰可以将空气污染和气候变化直接连为一体。"短生命气候污染物"来自于英文 short-lived climate pollutants，也可翻译为"短寿命气候污染物"，主要包括黑碳、CH_4 及对流层臭氧等，这些物质既是污染物，又是气候致暖因子，且在大气中的生存期限比 CO_2 短得多，因此成为全球快速行动的核心。相关的内容将在以后相关的章节涉及。

结语

　　空气污染物和温室气体都与人类活动息息相关，特别是燃料的使用，加速了人类对空气成分的干预，同时带来了污染和升温。解铃还需系铃人，调解人类活动的强度和方式是应对气候变化和控制空气污染的共同希望，而短生命气候污染物可能是当前的有效抓手。

参考文献

[1]　能源中国. 能源的概述及分类[EB/OL]. [2011-02-16]. http://www.mlr.gov.cn/wskt/wskt_syzs/201202/t20120216_1064089.htm.

[2]　谭国武，邱建忠. 能源与人类文明[J]. 现代物理知识，2007，19（2）：67-69.

[3]　唐有祺，王夔. 化学与社会[M]. 北京：高等教育出版社，1997.

[4]　国家统计局. 中国统计年鉴（2011 年）[M]. 北京：中国统计出版社，2012.

[5]　于德惠，赵一明. 理性的辉光：科学技术与世界新格局[M]. 长沙：湖南出版社，1992：13-20，39.

[6]　李香山. 人类利用能源的历史[N]. 河北日报，2001-11-19（9）.

[7]　燃烧. http://baike.baidu.com/view/62786.htm.

[8]　郝吉明，马广大，王书肖. 大气污染控制工程[M]. 3 版. 北京：高等教育出版社，2010.

[9]　燃料的种类和组成. http://wenku.baidu.com/view/2828ea86d4d8d15abe234e35.html.

[10]　煤炭的种类. http://wenku.baidu.com/view/9b5e9b7a31b765ce05081457.html.

[11]　燃料及燃烧. http://wenku.baidu.com/view/556421cld5bbfd0a795673a0.html.

[12]　吴碧君. 燃烧过程中氮氧化物的生产机理[J]. 电力环境保护，2003，19（4）：9-12.

[13]　国家环境保护总局，国家质量监督检验检疫总局. 煤炭工业污染物排放标准（GB 20426—2006）[M]. 北京：中国环境科学出版社，2006.

[14]　煤炭开采过程的环境污染与经济发展的辩证关系. http://wenku.baidu.com/view/f5f4461014791711cc7917e8.html.

[15]　环境保护部.石油天然气开采业污染防治技术政策（公告 2012 年第 18 号，2012-03-07 实施）.

[16]　石油开采应提防哪些环境问题？[N]. 中国环境报，2012-08-08. http://www.eedu.org.cn/news/resource/energysources/201208/77570.html.

[17]　水泥. http://www.baike.com/wiki/%E6%B0%B4%E6%B3%A5.

[18]　钢铁. http//baike.baidu.com/subview/338859/13631824.htm.

[19]　杨烨. 17 大气污染严重城市有钢铁企业环保部称将彻查[N]. 经济参考报，2013-07-01.

[20]　杨晓东，张玲. 钢铁工业温室气体排放与减排[J]. 河北冶金，2003（5）：29-32.

[21]　VOCs. http://baike.baidu.com/link?url=KNbFbAOYUTjVwlwzMVtH289dExBzCBBUThBsjNAOq327a5zP5XB142ZDq7gVTEuG.

[22]　挥发性有机物（VOCs）污染防治技术政策. 环境保护部 2013 年第 31 号公告.

[23] 上海市人民政府. 上海市 2012—2014 年环境保护和建设三年行动计划. http://www.shanghai.gov.cn/shanghai/ node2314/node2319/node2404/n29419/n29421/u26ai31147.html.

[24] 马忠海. 中国几种主要能源温室气体排放系数的比较评价研究[D]. 北京：中国原子能科学研究院，2002.

[25] 气候变化 2007 综合报告. 政府间气候变化专门委员会第四次评估报告第一、第二和第三工作组的报告. IPCC，瑞士，日内瓦：104.

[26] 二氧化硫. http://baike.baidu.com/view/27248.htm?from_id=9506294&type=syn&fromtitle=SO₂&fr=aladdin.

[27] 郝吉明，马广大. 大气污染控制工程（第二版）[M]. 北京：高等教育出版社，2002.

[28] 王春晓，李达. 我国经济增长中的二氧化硫排放特征分析[J]. 生态环境，2008（2）：261-265.

[29] 董广霞，傅德黔. 全国火电厂二氧化硫污染现状及其控制对策[J]. 中国环境监测，2003，19（6）：33-36.

[30] 挥发性有机物. http://baike.baidu.com/view/3427144.htm.

[31] 魏巍. 中国人为源挥发性有机化合物的排放现状及未来趋势[D]. 北京：清华大学，2009.

[32] 氨. http://baike.baidu.com/view/19840.htm?from_id=7322246&type=syn&fromtitle=NH3&fr=Aladdin.

[33] Huang X, Y Song, M Li, et al.(2012), A high-resolution ammonia emission inventory in China, Global Biogeocem. Cycles, 26, GB 1030, doi:10.1029/2011GB004161.

[34] 臭氧. http://baike.baidu.com/view/18827.htm?from_id=9533644&type=syn&fromtitle=O₃&fr=aladdin.

[35] 烟尘. http://www.baike.com/wike/%E7%83%9F%E5%B0%98.

[36] 重金属. http://baike.baidu.com/subview/1208/6735507.htm?fr=aladdin.

[37] H Z Tian, Y Wang, Z G Xue, et al. Trend and characteristics of atmospheric emissions of Hg,As,and Se from coal combustion in China, 1980-2007. Atmospheric Chemistry and Physics, 2010,10,11905-11919.

第3章

激 起 千 重 浪

导语

当人类活动产生的污染物排放量超过大气的自净能力时，就带来了大气成分的明显改变及随之而来的多种不良效应。恰如一块巨石砸向大海，即使是石沉大海，也会激起千重巨浪，扑面而来，同时也敲打着人们的心灵和良知。

尽管大气有很强的自洁能力，大多数空气污染物在排放几天内可通过重力或降水沉降到地面或通过大气化学反应消失在大气中，但是由于人类排放的持续性以及长生命周期排放气体的累积，使原本相对稳定的大气成分出现明显的改变，而正是这种改变对人类生存环境造成多重的、严重的负面影响，包括健康危害、能见度恶化及气候变暖等。同时，即使沉降到地面的大气化合物，也会对陆地和水体的生态系统产生重大环境影响，比如硫酸盐、硝酸盐气溶胶沉降引起的酸雨对生态和建筑材料的严重危害，恰如一石激起千重浪。

3.1 健康危害

已经有许多研究揭示了空气污染和气候变化对人类健康有重大的不良影响。与燃烧相关的空气微粒物质已经被鉴定为影响健康的主要原因，其他物质也具有不同程度和不同类别的危害性。这些危害发生在短期和长期暴露之后，对于心血管和呼吸系统的影响尤为显著，而儿童、老人及有病在身的人则为最大的受害者。

3.1.1 空气污染对健康的危害

社会经济的高速发展消耗了大量能源，导致 SO_2、NO_x、VOCs、TSP（总悬浮颗粒物）和其他污染物排放量大幅增加。这些一次污染物不仅在空气中积累、扩散、迁移，而且它们中的某些成分可以作为前体物，通过大气化学反应，转化为二次污染物。在太阳紫外线的照射下，大气中的 NO_x 和 VOCs 会发生光化学反应形成具有强氧化性的自由基和化合物（光化学烟雾）。在这种气氛下，大气中的气态 SO_2、NO_x 和 VOCs 会被转化成为二次细颗粒物（$PM_{2.5}$）。由于 $PM_{2.5}$ 具有较大的比表面积，可以为大气中的化学反应提供良好的反应床，使更多的气态物质进一步氧化生成更多的细颗粒物。如此循环往复，最终使二次污染物在大气中快速积累，进一步恶化了空气质量（图 3-1）。研究表明[4]，空气污染越严重的时段，二次污染物所占的比例越高，显示了通过大气化学过程二次生成的污染物对空气质量恶化起到了十分重要的作用。

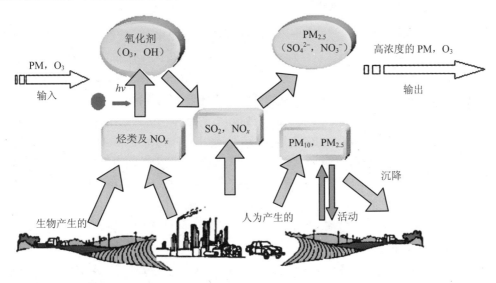

资料来源：唐孝炎. 北京市大气污染的特征及其控制。

图 3-1 空气中污染物的化学行为

呼吸活动是生命存在的特征，也是维持生命的前提。一个人 24 小时大约呼吸 2 万次，呼吸的空气量约为 7 m³，从事剧烈运动的人呼吸的空气量会更大。以此推算，人的一生若按 75 岁来计算，则呼吸的空气体积约为 20 万 m³。因而空气中极其微量的污染物，就能对健康发生极大的影响，导致各种疾病的发生。在低浓度空气污染物的长期作用下，可引起呼吸道炎症，如慢性支气管炎、支气管哮喘及肺气肿等末梢气道疾病。空气污染已成为肺心病、冠心病、动脉硬化、高血压等心血管疾病的重要致病因素。此外，空气污染会降低人体的免疫功能，造成抗病力的下降，促成多种疾病的发生与发展。如果局部环境中某些污染物浓度过高，会引起急性中毒，甚至死亡。表 3-1 中所列的是常见空气污染物对健康的影响。流行病学研究已证实空气污染与居民死亡率和发病率的增加有关，如呼吸系统疾病增加、肺功能降低、医院门（急）诊入院率增加、慢性支气管炎发病增加、长期或短期死亡率上升等。

表 3-1 环境污染物对公众健康的影响

污染物	主要来源	重要健康影响
PM_{10}	道路交通、发电	心血管和呼吸系统疾病
SO_2	燃煤、工业	结膜、呼吸疾病
CO	燃煤、道路交通	神经中枢
NO_x	道路交通	呼吸系统疾病
碳氢化合物	道路交通、工业	眼、鼻黏膜疾病
O_3	日光影响下形成的 NO_x 和 VOCs	对呼吸道产生严重影响

资料来源：*Air Pollution and Climate Change Two Sides of the Same Coin*，http://old.zhqz.net/Article/ShowArticle.asp? ArticleID=188。

3.1.1.1 大气颗粒物

大气颗粒物是指分散在空气中的固态或液态物质。一般来说，空气动力学直径在 $0.01\sim$ $100\mu m$ 的大气颗粒物，统称为总悬浮颗粒物（Total Suspended Particulates，TSP）。TSP 按粒径大小可分为可吸入颗粒物 PM_{10}（空气动力学直径在 $10\mu m$ 以下）和细颗粒物 $PM_{2.5}$（空气动力学直径在 $2.5\mu m$ 以下）。大气颗粒物越细，对人体健康的危害也就越大，空气动力学直径在 $10\ \mu m$ 以下的颗粒物可进入鼻腔，$0.2\sim5.0\mu m$ 的颗粒物可通过重力作用在支气管表面沉降，$0.1\sim0.5\mu m$ 的极细小颗粒物多通过扩散而在细小呼吸道分支和肺泡沉积，并可进入血液循环。流行病学调查也证实，对人体健康的影响以空气中的细颗粒物污染最为严重。

颗粒物能越过呼吸道的屏障，黏附于支气管壁或肺泡壁上。粒径不同的颗粒物随空气进入肺部，以碰撞、扩散、沉积等方式，滞留在呼吸道的不同部位。各种粒径不同的微小颗粒，在人的呼吸系统沉积的部位不同。粒径大于 $10\ \mu m$ 的颗粒，吸入后绝大部分阻留在鼻腔和鼻咽喉部，只有很少部分进入气管和肺内。粒径大的颗粒，在通过鼻腔和上呼吸道时，则被鼻腔中的鼻毛和气管壁黏液滞留和黏着。据研究[1]，鼻腔滤尘可滤掉吸气中颗粒物总量的 $30\%\sim50\%$。由于颗粒对上呼吸道黏膜的刺激，使鼻腔黏膜机能亢进，腔内毛细血管扩张，引起大量分泌液，以直接阻留更多的颗粒物，这是机体的一种保护性反应。若长期吸入含有颗粒状物质的空气，鼻腔黏膜持续亢进，致使黏膜肿胀，发生肥大性鼻炎。此后由于黏膜细胞营养供应不足，使黏膜萎缩，逐渐形成萎缩性鼻炎。在这种情况下，鼻腔滤尘机能显著下降，进而引起咽炎、喉炎、气管炎和支气管炎等。长期生活在高浓度颗粒物的环境中，呼吸系统发病率增高，特别是慢性阻塞性呼吸道疾病，如气管炎、支气管炎、支气管哮喘、肺气肿、肺心病等发病率显著增高，且又会促使这些病人的病情恶化，提前死亡。阚海东等总结了颗粒物的增加对人群健康的危害，见表 3-2。

表 3-2　颗粒物浓度每增加 100 μg/m³ 人群健康效应增加的百分数

健康效应终点	研究地点	目标人群	颗粒物	增加百分数/%	标准误差/%
总死亡率（急性）	沈阳	全人群	TSP	1.75	0.54
	北京	全人群	TSP	2.25	1.66
	北京	全人群	TSP	1.77	1.63
	北京	全人群	TSP	2.70	0.83
总死亡率（慢性）	本溪	全人群	TSP	8.00	3.06
慢性支气管炎	本溪	全人群	TSP	30.00	10.20
	上海	全人群	TSP	29.00	—
肺气肿	上海	全人群	TSP	59.00	—
急性支气管炎	本溪	全人群	TSP	30.00	15.30
	广州、武汉、兰州、重庆	儿童	PM_{10}	78.10	—
哮喘	广州、武汉、兰州、重庆	儿童	PM_{10}	69.50	—
内科门诊人数	北京	全人群	TSP	2.23	0.50
儿科门诊人数	北京	全人群	TSP	2.52	0.83

资料来源：阚海东，等. 我国大气颗粒物暴露与人群健康效应的关系。

3.1.1.2　二氧化硫

SO_2 是大气中主要污染物之一，是衡量大气是否遭到人为污染的重要标志。世界上有很多城市发生过 SO_2 危害的严重事件，使很多人中毒或死亡。在我国的一些城镇，大气中 SO_2 的危害较为普遍且严重[8]。

SO_2 进入呼吸道后，因其易溶于水，故大部分被阻滞在上呼吸道，在湿润的黏膜上生成具有腐蚀性的亚硫酸、硫酸和硫酸盐，刺激作用增强。上呼吸道的平滑肌因有末梢神经感受器，遇刺激就会产生窄缩反应，使气管和支气管的管腔缩小，气道阻力增加。上呼吸道对 SO_2 的这种阻留作用，在一定程度上可减轻 SO_2 对肺部的刺激。但进入血液的 SO_2 仍可通过血液循环抵达肺部产生刺激作用。

SO_2 可被吸收进入血液，对全身产生毒副作用，比如破坏酶的活力，从而明显地影响碳水化合物及蛋白质的代谢，并对肝脏造成一定损害。动物试验证明，SO_2 慢性中毒后，机体的免疫力受到明显抑制。

SO_2 体积分数为 $(10 \sim 15) \times 10^{-6}$ 时，呼吸道纤毛运动和黏膜的分泌功能均会受到抑制；体积分数达 20×10^{-6} 时，引起咳嗽并刺激眼睛。若每天吸入含 100×10^{-6} SO_2 的空气 8 小时，支气管和肺部会出现明显的刺激症状，肺组织受损；体积分数达 400×10^{-6} 时，可使人产生呼吸困难。如果 SO_2 与飘尘一起被吸入，飘尘气溶胶微粒可把 SO_2 带到肺部，使毒性增加 $3 \sim 4$ 倍。若飘尘表面吸附金属微粒，在其催化作用下，使 SO_2 氧化为硫酸雾，其刺激作用比 SO_2 增强约 1 倍。

3.1.1.3　氮氧化物

正常大气组成中，氮约占大气总量的 79%。氮作为单个游离原子具有很高的反应活性，但在大气中大量存在的是化学性质稳定的氮分子。对人体健康有危害的主要是指氮和氧相结合的各种形式的化合物，包括 N_2O、NO、N_2O_3、NO_2、N_2O_4、N_2O_5 等。对于大气污染来说，我们常说的 NO_x 主要指 NO 和 NO_2。

NO_x 对眼睛和上呼吸道黏膜刺激较轻，但可以侵入呼吸道深部的细支气管及肺泡。当 NO_x 进入肺泡后，因肺泡的表面湿度增加，反应加快，在肺泡内约可阻留 80%，一部分变为 N_2O_4。N_2O_4 与 NO_2 均能与呼吸道黏膜的水分作用生成亚硝酸与硝酸，对肺组织产生强烈的刺激及腐蚀作用，从而增加毛细血管及肺泡壁的通透性，引起肺水肿。亚硝酸盐进入血液后还可引起血管扩张，血压下降，并可与血红蛋白作用生成高铁血红蛋白，引起组织缺氧。高浓度的 NO 亦可使血液中的氧和血红蛋白变为高铁血红蛋白，引起组织缺氧。因此，在一般情况下当污染以 NO_2 为主时，对肺的损害比较明显，严重时可出现以肺水肿为主的病变。而当混合气体中有大量 NO 时，高铁血红蛋白的形成就占优势，此时中毒发展迅速，出现高铁血红蛋白症和中枢神经损害症状。

3.1.1.4　一氧化碳

一氧化碳（CO），即"煤气"的主要成分，是一种无色、无臭、无味、无刺激性，但对血液和神经有害的毒性气体。CO 是燃料在燃烧不充分条件下产生的。民用炉灶、采暖锅炉和工业窑炉，特别是机动车辆是大气中 CO 的主要排放源。

CO 在大气中的存在寿命很长，一般可存留 2～3 年。因此这是一种数量大、积累性强的大气污染物。CO 随空气进入人体后，经肺泡进入血液循环，能与血液中红细胞里的血红蛋白、血液外的肌红蛋白和含二价铁的细胞呼吸酶等形成可逆性结合。高浓度 CO 可引起急性中毒，中毒者常出现脉弱、呼吸变慢等反应，最后衰竭致死。慢性 CO 中毒会出现头痛、头晕、记忆力降低等神经衰弱症状。近年来，动物试验和大量流行病学调查都证明，长期生活在低浓度 CO 环境中的心血管病人，能促使血液中的类脂质和胆固醇在血管中沉积，使病情恶化。

3.1.1.5 黑碳气溶胶

黑碳气溶胶是大气气溶胶的重要组成部分，它在环境中无处不在，如大气气溶胶、沉积物、土壤、煤烟、木炭中。虽然黑碳气溶胶颗粒的粒径一般比较小，为 $0.01～1~\mu m$，但黑碳粒子在大气物理、大气化学、大气光学过程中都具有重要的作用。例如，它对地球的辐射平衡、气候、云的形成、降水、云量等有明显影响。黑碳粒子的变化将改变大气浑浊度和能见度，改变云和地表的反照率。另外，黑碳气溶胶还是一种污染物，它的存在将严重恶化大气环境，危害人类健康，如引发呼吸系统哮喘以及心血管、癌症等疾病的发生。关于黑碳对健康的危害，本书将在第 7 章有更多的涉及。

3.1.1.6 臭氧

一方面，大气污染影响气候变化。首先，气候变化与辐射收支有关，大气污染可以通过影响辐射收支来影响气候。颗粒物本身可以参与成云，其数量和成分的变化会对云的形成产生影响。其次，大气污染会造成其他圈层的改变。另一方面，气候变化反作用于大气污染，并且能够放大大气污染对人类健康、农业生产和生态的影响。

随着城市温度的不断上升，其影响之一是近地面 O_3 浓度的逐渐增加。当汽车尾气排放的污染物和日光中的紫外线辐射在空气中反应时，O_3 的形成是其主要结果之一，特别是在高温条件下更加迅速。O_3 也是影响发病率和死亡率的主要空气污染物之一[17]。

虽然 O_3 有杀死某些细菌和微生物的能力，但是在对流层中，过量的 O_3 对人体和生物都是有害的。气候变化导致 O_3 前体物（如 VOCs 和 NO_x）及 O_3 浓度发生变化，而这些变化主要来自人为因素，包括各种燃料、机动车、电厂、各种制造类设备，甚至一些日常用品。人体的 O_3 暴露增多，会加重慢性呼吸系统和心血管疾病，改变个体免疫机能，造成肺组织的损伤和过早衰竭，并对癌症的发病有促进作用。表 3-3 简单概括了不同浓度 O_3 对人体健康的危害。

表 3-3 不同 O_3 浓度对人体健康的影响

O_3 体积分数/10^{-6}	暴露时间/h	影响
0.015	—	嗅觉阈
0.025	—	背景浓度
0.05～0.1	1	标准环境（美国、日本、加拿大、以色列）

O_3 体积分数/10^{-6}	暴露时间/h	影响
0.1	—	影响运动员成绩
0.1	1	引起眼睛刺激
0.15	1	气喘发病率增加
0.1~0.25	1	影响儿童肺功能
0.30	—	引起鼻、喉刺激
0.2~0.7	1	患有慢性肺部疾病的患者病情加重
0.35~0.4	2	呼吸阻力增加
0.5~1.0	1~2	肺功能变化
0.94	1.5	咳嗽、疲倦
1.5~2	2	肌肉运动失调、不能表达思想、胸痛、咳嗽
3.0	1	困倦
4.0	0.5	头痛、气喘、脉搏加快
5.0	—	生命危险

资料来源：孔琴心，等，1999。

3.1.2　气候变化对健康的危害

气候变化对人类健康的影响研究始于 20 世纪 80 年代末和 90 年代初，其危害表现为多样性和全球性，如从极端天气的发生到各种疾病的传播。这些影响过多地威胁脆弱群体，如幼儿、老人、体弱者、贫困和偏僻地区人口，还包括气候敏感疾病高度流行、严重缺水和粮食产量较低的地区以及小岛屿发展中国家和山区，甚至发展中国家的特大城市和沿海城市的人口。概括地说，气候变化对人类健康造成的危害主要包括两大类，即直接健康影响和间接健康影响。图 3-2 为从气候变化到健康影响的概念路径。

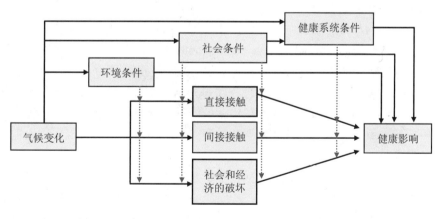

资料来源：IPCC，2007。

图 3-2　从气候变化到健康影响的概念路径

3.1.2.1　直接健康影响

随着全球气候变暖加之城市热岛效应，高温热浪成了现代城市必须关注的气象灾害，因为高温热浪增加将引起与热有关的病害和死亡的增加，是夏季影响人类健康最直接的天气事件。近年来高温热浪在各国频频发生，每年因高温热浪而致死的人数以千计，希腊、印度以及欧洲许多国家都经受过热浪的袭击，直接或者间接造成大量人员的疾病及死亡。而在 1743 年我国北京也发生过一次严重的热浪事件，据统计这次热浪当时造成了近 11 000 人死亡。热浪频率和强度的增加极易引发中暑，影响不同年龄、不同职业人群的健康，还容易引发心脑血管疾病、肠道感染疾病等。当温度高于某一特定温度（阈值温度）时，发病率就会大幅提升。以上海、广州为例，研究发现，广州循环系统疾病和呼吸系统疾病的阈值温度均为 36℃，而上海循环系统疾病的阈值温度为 33℃，呼吸系统疾病为 35℃，两个地区相差很大。在死亡率与温度的研究中，同样得出广州、上海两地夏季总死亡数的临界值为 34℃，而美国纽约、费城、芝加哥和底特律的临界温度为 32～33℃，较接近，同样存在差异[9]。

另外，干旱、洪水、热带气旋等极端天气事件的频繁发生也会直接导致死亡率、伤残率的增加，并对公共卫生设施造成破坏。2004 年在浙江登陆的第 14 号台风"云娜"造成全省 75 个县（市、区）1 299 万人受灾，死亡 179 人，失踪 9 人，受伤 1 800 多人；农作物受灾面积 39.2 万 hm^2，成灾面积 19 万 hm^2，绝收面积 6.9 万 hm^2。同时，由干旱、洪水等灾害造成的农作物产量下降，还会增加人体饥饿和营养不良的风险，在人口稠密、资源短缺的地区这种风险更大。此外，灾害发生后的混乱和恐怖景象往往会给幸存者造成巨大的心理压力，甚至引起幸存者精神失常。

3.1.2.2　间接健康影响

气候变化尤其是气候变暖的影响一直受到研究者的关注。气候变化对疟疾的影响在整个热带地区是最大的，另外还有血吸虫病、登革热和乙脑等，均是受气候变化影响较大的病种。在我国最为典型的就是血吸虫病。血吸虫病的流行范围与温度、海拔、雨量等因素密切相关，在气温较高的 4—10 月最容易感染，而洪水泛滥恰恰为血吸虫病的流行提供了极为有利的条件。另有研究表明[15]，全球气温每升高约 1℃，登革热的潜在传染危险将增加 31‰～47‰。从全球看，媒介生物性传染病的流行呈现出三大趋势：新的病种不断被发现，如莱姆病等；原有疾病的流行区域不断扩展，曾经静息多年的虫媒传染病重新暴发；疾病流行的频率不断增快。

大气温度和湿度的变化会影响作物的发芽、生长和光合作用。气候变化会影响植物病害、害虫与天敌的关系、灌溉水的供给，从而影响作物产量。随着贫穷和经济不发达国家人口迅速增长，21 世纪内气候变化引起的粮食减产会导致严重的公众健康后果。

而在平流层中，由于气候的变化导致 O_3 不断减少。自 1985 年发现南极上空臭氧层空洞以来，相继出现一系列关于臭氧层耗减的报道。O_3 减少 1%，估计会引起具有生物学效应的紫外线到达地表增加 2%。温室气体中以氟氯烃为主的气体对臭氧层有较大的破坏性，导致阳光中紫外线辐射加强，进而导致皮肤和眼睛损伤增加。强烈阳光下的急性暴露引起红斑和雪盲，长期暴露则与皮肤癌和白内障有关。世界卫生组织指出，非黑色素瘤皮肤癌的发生率在 2050 年后可增加 6%～35%[16]。

3.2 能见度降低

3.2.1 颗粒物

前面已经说过，颗粒物是大气中的固体或液体颗粒状物质。颗粒物可分为一次颗粒物和二次颗粒物。一次颗粒物又称为原生颗粒物，是由污染源释放到大气中直接造成污染的颗粒物；二次颗粒物是由大气中某些污染气体组分（如 SO_2、NO_x、碳氢化合物等）之间，或这些组分与大气中的正常组分（如 O_2）之间通过光化学氧化反应、催化氧化反应或其他化学反应转化生成的颗粒物。颗粒物的来源主要有自然来源和人为来源。自然来源主要为自然现象所产生，例如土壤和岩石的风化，森林火灾与火山暴发所产生的大量烟尘颗粒和微尘，洋面气泡的破裂形成的海盐粒子，地表植物向大气输送的有机质粒等；人为来源主要指由于人类生产活动而产生的，例如煤、石油等化石燃料燃烧和工业活动所产生的大量固体烟尘颗粒，汽车排放的含铅化合物，以及化石燃料燃烧排放的 SO_2 在一定条件下转化为硫酸盐等。

对于一次颗粒物，自然来源产生量每天约为 $4.41×10^6$ t，人为来源产生量每天约为 $0.3×10^6$ t[20]。对于二次颗粒物，自然来源产生量每天约为 $0.6×10^6$ t，人为来源产生量每天约为 $0.37×10^6$ t[21]。颗粒物大部分是自然源产生的，但局部地区，如人口集中的大城市和工矿区，人为源产生的数量可能较多。从 18 世纪末期开始，煤的用量不断增多。20 世纪 50 年代以后，工业、交通迅猛发展，人口愈发集中，城市更加扩大，燃料消耗量急剧增加，人为原因造成的颗粒物污染日趋严重。煤和石油燃烧产生的一次颗粒物及其转化生成的二次颗粒物曾在世界上造成多次重大的污染事件，如 20 世纪著名的美国洛杉矶光化学烟雾事件（图 3-3）和英国伦敦烟雾事件。

图片来源：http://attach.maboshi.net/2011/08/23344_201108181610391737u.new.jpg。

图 3-3　20 世纪 40 年代美国洛杉矶光化学烟雾事件

3.2.2 颗粒物对能见度的影响

能见度是指视力正常的人在当时天气条件下，能够从天空背景中看到和辨认出视（张）角大于 0.5° 且大小适度的黑色目标物的最大水平距离（表 3-4）。能见度不仅能够反映一个地区的大气环境质量，而且对航空、航海、陆上交通安全等影响深远。据统计，影响航班正常飞行的原因中 70% 以上是由低能见度造成的，海难事件中半数以上与能见度状况有关，与气象因子有关的飞行事故中有 19.2% 是由于能见度较低所造成的。在现代信息化战争中，能见度不仅影响到军事行动的隐蔽性和突然性，更是直接影响到精确制导武器的作战效能。恶劣的能见度给人们的工作、生活带来了诸多不便甚至危害，给国家财产和人民群众的生命安全造成重大损失，与此同时也造成了不良的社会影响。

表 3-4 能见度划分标准

能见度等级	能见度范围/km	定性用语
0	$X \geqslant 10.0$	好
1	$1.5 \leqslant X \leqslant 10.0$	较好
2	$0.5 \leqslant X \leqslant 1.5$	较差
3	$0.2 \leqslant X \leqslant 0.5$	差
4	$0.05 \leqslant X \leqslant 0.2$	很差
5	$X < 0.05$	极差

注：X 为气象能见度。
资料来源：中国气象局的能见度预报等级和服务。

自 20 世纪 70 年代以来，大气颗粒物对能见度的影响就一直是环保部门所关注的问题之一。尽管在大气中只占很少的一部分，但颗粒物对城市大气光学性质的影响可达 99%。大量的研究表明，PM_{10} 和 $PM_{2.5}$ 的性质与能见度的降低密切相关。能见度的降低主要是由于气体分子与颗粒物对光的吸收和散射减弱了光信号，并由于散射作用减小了目标物与天空背景之间的对比度而造成的。

光的散射是能见度降低的最主要因素，颗粒物的散射能造成 60%～95% 的能见度减弱。空气分子对光的散射作用很小，其最大的视距（极限能见度）为 100～300 km（具体数值与光的波长有关）。在实际的大气中，由于颗粒物的存在，能见度一般远远低于这一数值：在极干净的大气中能见度可以达到 30 km 以上；在城市污染大气中能见度在 5 km 左右，甚至更低；在浓雾中能见度只有几米。在大气气溶胶中，主要是粒径为 0.1～1.0μm 的颗粒物通过光的散射而降低物体与背景之间的对比度，从而降低能见度。

颗粒物对光的吸收效应通常是使能见度降低的第二大因素，而 PM_{10} 和 $PM_{2.5}$ 对光的吸收几乎全部都是由黑碳（也称元素碳）和含有黑碳的颗粒引起的。每年，世界上排放的黑碳量占人为颗粒物排放量的 1.1%～2.5%，占全部颗粒物排放量的 0.2%～1.0%，但它们的消光效应却是不可忽视的。因为煤烟的总消光系数是透明颗粒的 2～3 倍，所以大气中少量的煤烟颗粒就可以导致光强降低很多。这些光吸收颗粒物可能会使某些地方的能见度降低一半以上，还可形成烟雾而使城市呈褐色。

3.2.3　能见度降低的天气现象

近十年来，由于 PM$_{2.5}$ 和污染气体等空气污染物的大量增加，大气能见度的降低已成为中国大城市共同面临的问题[25]。中国有 2/3 的城市颗粒物浓度高于国家环境空气质量标准。除自然源和工业活动排放的一次气溶胶，形成二次气溶胶组分的气相污染物如 SO$_2$、NO$_x$、VOCs 的排放量也很高。我国 2006 年 SO$_2$ 排放量为 2 594 万 t，是欧洲 2004 年排放量的 3.6 倍；2006 年 NO 排放量为 1 614 万 t，是欧洲 2004 年排放量的 1.5 倍。快速增长的经济和城市化进程使已经受到严重污染的大气环境面临着继续恶化的趋势。

霾是能见度严重降低直接引起的天气现象，一般界定为能见度在 10 km 以下的低能见度天气。对于霾的一般定义为：霾是一种大气光学现象，通常是由于地面尘沙吹起或人为向大气中排放大量干粒子污染物，使大气飘浮着大量气溶胶粒子，它们对阳光进行散射而产生的使水平能见度急剧降低的大气混浊现象。霾是由大气中的水汽、沙尘、烟尘相互作用形成的一种新天气形式，近几年来频发于中国东部的城市群地区，如京津冀地区、长江中下游、珠江三角洲和华北等机动车、燃煤产业、生火取暖迅速增长的地区[26]。由于城市化和机动车的迅速发展，霾天气也渐渐在中国西部出现。我国许多城市近二三十年霾日数不断增加，能见度明显降低。目前中国东部大部分地区霾日都超过 100 天，其中大城市区域超过 150 天，有些地区如辽宁中部，霾日长期超过 300 天。根据深圳气象局统计，深圳市霾日每年平均达 160 天左右，平均能见度由 20 世纪 80 年代初的 20 km 下降到现在的10 km 左右（图 3-4）。

图片来源：http://www.jingme.net/content/2011-06/03/content_5710284.htm。

图 3-4　笼罩于"霾"下的深圳

另外一种低能见度的天气现象是沙尘天气，常发生于我国西北地区[27]。沙尘天气是指风把地面大量沙尘物质吹起卷入空中，使空气特别混浊，水平能见度小于 10 km 的风沙天气现象的统称，分为浮尘、扬沙、沙尘暴、强沙尘暴和特强沙尘暴 5 类（表 3-5）[28]。

发生沙尘天气时，大量沙尘蔽日遮光，天气阴沉，造成太阳辐射减少，恶劣的能见度会持续几小时到十几个小时。沙尘暴天气经常影响交通安全，造成飞机不能正常起飞或降落，易产生火车、汽车等交通事故。由于形成沙尘天气的原因主要为自然因素，所以并不是本书关注的范畴。

表 3-5　各类沙尘天气对应的水平能见度范围

天气现象	水平能见度范围
浮尘	小于 10 km
扬沙	1～10 km
沙尘暴	小于 1 km
强沙尘暴	小于 500 m
特强沙尘暴	小于 50 m

资料来源：《沙尘暴天气等级》。

3.3　气候变暖

依据观测数据显示[29]，20 世纪中叶以来大部分的全球平均温度是升高的，同时通过对观测资料与气候模式模拟结果进行对比分析结果显示，全球不同地区的增温趋势和幅度不同，而且模式模拟结果在不同地区的可信度也不同。全球不同地区温度变化以及对比分析如图 3-5 所示。

气候变暖是人类排放污染物导致的多重效应之一，大气中温室气体排放增加是导致气候变暖的主要原因。自工业革命以来，人类活动的影响使得大气中长寿命温室气体（包括 CO_2、CH_4、N_2O 和卤化烃）浓度显著增加，进而对全球气候产生重大影响。据 2007 年发布的 IPCC 第四次评估报告估算，所有长寿命温室气体的总辐射强迫为（2.63±0.26）W/m^2，其中 CO_2 增加所产生的辐射强迫为（1.66±0.17）W/m^2，与此同时，在过去的 100 年（1906—2005 年）中地表温度的全球平均值增加了大约 0.74℃。此外，对流层 O_3 和 CH_4 也是重要的温室气体。CH_4 在大气中的平均寿命约为 10 年，大气 CH_4 浓度增加所产生的辐射强迫为（0.48±0.05）W/m^2。尽管 O_3 寿命（在大气中的寿命约为 1 个月）与长寿命温室气体相比差距较大，但是 IPCC 第四次评估报告指出，O_3 已成为第三大重要的温室气体，其辐射强迫为（0.25～0.65）W/m^2，因此 O_3 与 CH_4 对气候的增温效应已不容忽视。

长寿命温室气体化学性质稳定，可在大气中留存十年到数百年甚至更长时间，所以它们的排放可对气候产生长期影响。在人类排放的污染物中，气溶胶作为重要的组成部分对人类的健康造成严重危害，尽管气溶胶的寿命期只有几天到几周，但是由于其很大程度上左右着气候系统辐射平衡，且考虑到排放的持续性，故气溶胶对气候存在较大影响。在人为排放的气溶胶中，黑碳气溶胶是重要的组成部分，同时由于该气溶胶独特的光学性质，其对气候变化有重要的影响作用。关于黑碳的气候效应将在黑碳专章（第 7 章）详述。

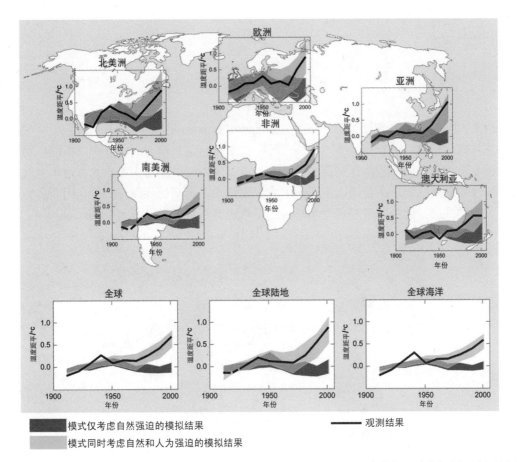

注：相对于 1901—1950 年的平均值，1906—2005 年观测到的年代际平均值（黑线）绘于年代中心。虚线部分表示空间覆盖率低于 50%。

资料来源：2007 年 IPCC 第四次评估报告。

图 3-5 观测到的大陆与全球尺度地表温度与使用自然和人为强迫的气候模式模拟结果对比

　　人类排放的温室气体和气溶胶不仅能引起辐射强迫从而影响气温，同时对地-气辐射场产生扰动进而可以改变大气环流和水循环，最终对降水和季风产生重要影响。有研究者认为，人为气溶胶增加可能会导致东亚降水减少，并减缓东亚水文循环。同时有研究显示，我国夏季的南涝北旱与黑碳气溶胶有关。此外，我国华南和沿海地区工业经济快速发展引起的硫酸盐气溶胶增加可能是导致我国夏季雨带南移的重要原因[34]。有关气溶胶对我国降水的影响效果和机理需要开展进一步的研究。

　　人类排放对气候变化的影响是未来气候变化评估研究的重要内容。气溶胶是人类排放的重要组成部分，它在大气辐射和气候变化的研究中占有极其重要的地位。但是，在当前全球气候变化的研究中，大气气溶胶的不确定性最大，因此，气溶胶的气候效应将是人类排放对气候变化的影响研究中重点关注的内容。

3.4　生态影响

3.4.1　酸雨的危害

酸雨正式的名称为酸性沉降，可分为湿沉降与干沉降两大类。前者指的是所有气状污染物或粒状污染物，随着雨、雪、雾或雹等降水形态而落到地面；后者则是指酸性物质不通过降水过程而是随空中降下的落尘而落到地面（图 3-6）。酸雨主要是人为地向大气排放大量酸性物质造成的，在我国则主要是因大量燃烧含硫量高的煤而形成的，因而多为硫酸雨，少为硝酸雨。此外，各种机动车排放的尾气也是形成酸雨的重要原因。

图片来源：http://www.landong.com/ps_sctx_106868.htm。

图 3-6　酸雨的形成

近年来，酸雨已成为全球公害之一。酸雨对植物的危害主要包括两个方面：一是酸雨对植物的直接危害；二是酸雨对植物的间接危害，即由于酸的输入而引起的土壤酸化及由此而产生的一切化学变化，是一种潜在的危害。

3.4.1.1　直接危害

根据对国内 105 种木本植物影响的模拟实验，当降水 pH 小于 3.0 时，可对植物叶片造成直接的损害，使叶片失绿变黄并开始脱落[38]。酸雨直接损害植物叶表面的蜡质保护层，植物受到酸雨急性伤害后出现的初始典型症状是叶片上散布点状、块状或圆形的伤斑，伤斑的面积较小，部分植物（如辣椒、蕹菜）出现叶片穿孔和叶缘缺损。植物受到的损害随叶片与酸雨接触的时间增加而越发严重，伤斑从小到大，相连成片，最终全叶枯死。关于伤斑出现的时间，敏感种类接触酸雨后几小时即可出现，但多数植物是 24 小时后显露症状。伤斑发生的部位，阔叶植物一般在叶面主脉间，且以凹部位甚之，这可能与酸雨滞留延长有关；针叶植物则多集中于叶尖，少数呈段状分布。酸雨可使叶片叶绿素等总量减少，产量下降。野外调查表明，在降水 pH 小于 4.5 的地区，马尾松林、华山松和冷杉林等出现大量黄叶并脱落，森林成片地衰亡。例如，重庆奉节县的降水 pH 小于 4.3 的地段，20年生马尾松林的年平均树高生长量降低 50%。

酸雨对植物的伤害颇强，pH 为 4.0 的降水即可使一些敏感种类（如菠菜）受害[39]。然而植物对酸雨的危害存在一定的抗性，不同的植物对酸雨的敏感程度不同。表 3-6 给出了植物对于酸雨的抗性和敏感性，可以看出，植物对酸雨的相对抗性因植物种类而异。在实际工作中，可以选择敏感型物种作生物监测酸雨的指示植物，而抗性强的植物可供酸雨频发及严重地区绿化栽培。

表 3-6　植物对酸雨的抗性和敏感性

抗性等级	植物名称
敏感的	金丝桃、地中海三叶草、迎春、腊梅、水杉、花石榴
较敏感的	木绣球、小叶女贞、杏树、红椿、白玉兰、三角枫、细叶水团花
抗性中等	天竺桂、桂花、荷叶、火棘、天女花、牛奶子、杜鹃、油菜、厚朴、珙桐、广玉兰、枣树、木香、樱花、法国冬青
抗性较强	柳杉、杉木、罗汉松、雪松、香柏、紫薇、蚊母、金枝千头柏、海桐、瓜子黄杨、泡桐、柿树
抗性强	龙柏、桧柏、中山柏、柏木、蝴蝶花、凤尾兰

资料来源：植物生理学报，1979。

3.4.1.2　间接危害

酸雨可导致土壤酸化[40]。我国南方土壤本来多呈酸性，再经酸雨冲刷，加重了酸化程度；而北方土壤呈碱性，对酸雨有较强的缓冲能力，短时间内不会被酸化。土壤中酸性物质的不断输入，逐渐耗尽土壤中原有的碱性缓冲物质，代之以大量的可交换的盐基离子，营养成分被淋溶流失，土壤酸化，肥力下降。同时土壤中无毒的有机元素转化为有毒的无机元素，比如，土壤中含有大量铝的氢氧化物，土壤酸化后可加速土壤中含铝的原生和次生矿物风化而释放大量铝离子，形成植物可吸收的铝化合物形态。植物长期过量地吸收铝会中毒，甚至死亡。酸雨还能使土壤微生物活性减弱，抑制某些土壤微生物的繁殖，降低酶活性。例如，土壤中的固氮菌、细菌和放线菌均会明显受到酸雨的影响，从而抑制种子萌发，抑制根系生长，继而影响地上部分，使植物提前落叶、生长缓慢，对花果也有影响，因此严重影响作物产量。酸雨加速土壤矿物质营养元素的流失，改变土壤结构，导致土壤贫瘠化，影响植物正常发育。酸雨还能诱发植物病虫害，使农作物大幅度减产，特别是小麦，在酸雨影响下可减产 13%～34%。大豆、蔬菜也容易受酸雨危害，导致蛋白质含量和产量下降。

酸雨对森林的影响在很大程度上是通过对土壤的物理化学性质的恶化作用造成的。酸雨能使土壤中的铝从稳定态中释放出来，使有机络合铝减少而使活性铝增加，将严重地抑制林木的生长。酸雨还可使森林的病虫害明显增加。例如，四川重酸雨区的马尾松林的病情指数为无酸雨区的 2.5 倍。酸雨对中国森林的危害主要是在长江以南的省份。据初步调查统计，四川盆地受酸雨危害的森林面积最大，约为 28 万 hm²，占林地面积的 32%；贵州受害森林面积约为 14 万 hm²。有研究表明，仅西南地区由于酸雨造成的森林生产力下降，相当于损失木材 630 万 m^3，直接经济损失达 30 亿元。对南方 11 个省的估计，酸雨造成的直接经济损失可达 44 亿元。

现在大多数专家认为，森林的生态价值远远超过它的经济价值。虽然对森林生态价值的计算方法还有争议，计算出来的数字还不能得到社会的普遍承认，但森林的生态价值超过它的经济价值，大家对这一观点的看法几乎是一致的。根据计算结果，森林的生态价值是其经济价值的 2～8 倍。如果按照这个比例来计算，酸雨对森林危害造成的经济损失是极其巨大的（图 3-7）。

正常的湖泊和森林

被酸化的湖泊和森林

图片来源：http://www.sungangedu.net：81/swcyj/show.aspx？id=8&cid=30。

图 3-7 酸雨的危害

3.4.2 臭氧的危害

O_3 是氧的同素异形体，在常温下，它是一种有特殊臭味的蓝色气体。大部分 O_3 位于平流层（10～40 km），吸收日光中的大部分有害紫外线辐射。由于破坏 O_3 的物质的排放，平流层的 O_3 不断减少。同时，自工业化革命以来，对流层的 O_3 却在不断增加。对流层 O_3 对人类和植物是有害的。

对流层的最下面部分称为行星边界层或混合层，大部分排放和沉积过程发生在此空气层，在稳定的冬季或夜间条件下其高度仅为几十米，而夏季白天可为 1～3 km。此空气层最下面几米的 O_3 称为地面臭氧，其增加有可能影响人类健康、植被和材料。

O_3 会对植物的生长发育产生显著的影响[41]。人类采用一些烟草品种作为 O_3 的生物学指标。图 3-8 中的左图给出了同一时期分别暴露在 O_3 和过滤空气中的烟叶，右图显示了易受 O_3 伤害的三叶草的损伤情况。O_3 对于植物的影响主要是在通过气孔发生的气体交换过程中，这些气孔是叶面上的小孔，可打开，让 CO_2 进入，支持光合作用。在黑暗或干燥条件下，气孔大部分是闭合的，以防止水蒸气流失。O_3 通过气孔进入植物体内后，造成植物叶子损伤、早衰以及生长迟缓。植物短时期暴露于高浓度 O_3 而产生的急性影响是可见的叶损害，而长时间暴露于低浓度 O_3 产生的慢性影响表现为形态、生理生化、生长发育、单总产和产品品质的变化。但在自然界，由于环境大气中 O_3 浓度的变化等原因，急、慢性损害可在同一植物的不同生长时期出现。此外，植物在 O_3 暴露后，也可能不出现可见症状而导致生长障碍、早衰和减产。有人证明，植物的生长和产量虽取决于有光合功能的叶，但在无叶片损害的情况下，也可出现显著的单产损失。反之，明显的叶片损害不一定引起单产损失，而且当 O_3 浓度提高时，单产的降低程度甚于叶片损害的加重程度。

图片来源：Air Pollution and Climate Change。

图 3-8　O_3 浓度增加对植物的可见损伤

对流层 O_3 的问题在后面的第 6 章还会从更多的方面加以阐述。

3.4.3　富营养化

水体富营养化是指在人类活动的影响下，生物所需的氮、磷等营养物质大量进入湖泊、河口、海湾等缓流水体，引起藻类及其他浮游生物迅速繁殖，水体溶解氧量下降，水质恶化，鱼类及其他生物大量死亡的现象。在自然条件下，湖泊也会从贫营养状态过渡到富营养状态，不过这种过程非常缓慢。而人为排放含营养物质的工业废水和生活污水所引起的水体富营养化则可以在短时间内出现。水体出现富营养化现象时，浮游藻类大量繁殖，形成水华。因占优势的浮游藻类的颜色不同，水面往往呈现蓝色、红色、棕色、乳白色等。这种现象在海洋中则叫做赤潮或红潮，如图 3-9 所示。

图片来源：http://www.csh.gov.cn/article_121761.html。

图 3-9　水体富营养化

3.4.3.1 富营养化的形成

正如前面提到的，在自然条件下，湖泊从贫营养状态过渡到富营养状态会非常缓慢，有时要上万年才能达到。然而，随着工业的迅猛发展，人为排放的富含营养物的工业废水以及生活污水可在短期内引起水体的富营养化。众所周知，自养型生物（如藻类和一些光合细菌）通过光合作用能利用无机盐类制造有机质。自然水体中的 P 和 N（尤其是 P）在一定程度上是浮游生物数量的控制因子，而生活污水、工业（如化肥和食品等）废水及农田排水中都含大量 N、P 及其他无机盐。当这种污水纳入自然水体之后，自然水体中的营养物增多，促进了大型绿色植物和微型藻类的旺盛生长。藻类生长周期短，在适宜条件下易大量繁殖，其中活藻主要分布于水表，红色颤藻的出现则是富营养化的征兆。随着水体富营养化的发展，藻类个体数量速增，种类渐减，水体由以硅藻和绿藻为主发展到以蓝藻为主。死亡的水生生物被好氧微生物耗氧分解，或被厌氧微生物分解，同时湖泊逐渐变浅，直至成为沼泽。富营养化状态一旦形成，水体中的营养物被水生生物吸收为机体组成部分，在水生生物死亡后的腐烂过程中，营养物又释放到水中，再次被生物利用，如此形成循环。因此，已经形成富营养化的水体，即使完全切断外界营养物来源，在短期内也很难得到自净和恢复。

雨水是补充湖泊河流水的重要来源之一，由于现在大气污染日趋严重，汽车尾气排放增多，大气中 NO_x 的含量上升，这使雨水中的氮含量也随之上升。众多统计资料表明，雨水中的硝酸盐氮含量在 0.16～1.06 mg/L、氨氮含量在 0.04～1.70 mg/L、磷含量在 0.1 mg/L 至不可检测范围。因此，在大面积的水库或者湖泊中雨水携带的氮、磷营养物质还是很大的，这就为水体富营养化提供了物质基础。

3.4.3.2 富营养化的危害[45]

1）影响水体气味。在富营养化状态的水体中生长着很多藻类，其中有一些藻类可以散发出腥味异臭，并且藻类散发出的这种腥臭会向湖泊四周的空气扩散，造成空气污染，直接或间接地影响、烦扰人们的正常生活。同时，这种腥臭味也使水味难闻，大大降低了水的质量。

2）降低水体透明度。由于在富营养化水体中生长着以蓝藻、绿藻为优势种类的大量水藻，这些水藻浮在水体表面形成一层"绿色浮渣"，使水质变得浑浊，透明度明显降低。富营养化严重的水体透明度仅有 0.2 m，从而使水体感官性状大大下降。

3）降低深层水体的溶解氧。在富营养化水体的表层，由于藻类可以获得充足的阳光，并且可以从空气中获得足够的 CO_2，从而进行光合作用而放出 O_2，因此表层水体有充足的溶解氧。但是，在深层水体中情况就不是这样了。首先，表层的密集藻类使阳光难以透射入水体深层，而且阳光在穿射过程中由于藻类的吸收会削减，所以深层水体能得到的阳光相对表层较少，因而光合作用明显受到限制而减弱，使溶解氧来源减少。其次，藻类死亡后不断向湖底沉积，不断地腐烂分解，也会消耗深层水体的溶解氧，严重时甚至可能使深层水体的溶解氧消耗殆尽而呈现厌氧状态，致使深层水体的需氧生物难以生存，最终死亡，生物种类随之减少。这种厌氧状态，可以触发或者加速底泥积累的营养物质的释放，造成水体营养物质的高负荷，形成富营养水体的恶性循环。

4）有毒物质影响水体质量。富营养化水体中的某些藻类（如蓝藻中的丝状藻类——微囊藻属、鱼腥藻属和束丝藻属；海生腰鞭毛目生物）能分泌、释放有毒物质，有毒物质进入水体后，若被牲畜饮入体内，可引起牲畜肠胃道炎症，人若饮用也会发生消化道炎症，有害人体健康。

5）影响供水水质并增加净水成本。自然水体一旦出现富营养化后，净水将出现一系列问题，也就影响了生活饮用水和工业用水的供给。首先，夏日高温是藻类增殖旺盛的季节，过量的藻类会堵塞水泵和管道，给制水厂的过滤过程带来障碍，因此需要改善或增加过滤措施。其次，富营养水体由于缺氧而产生 H_2S、CH_4 和 NH_3 等有毒有害气体，水藻产生有毒物质，给制水过程增加了技术难度，既降低了净水厂的出水率，同时也加大了成本费用。由此可见，出现富营养化现象的水体，不仅影响水体的处理和利用，造成水生经济生物（如鱼类）的损失，而且恢复水体的清洁需要相当长的时间。例如，1987 年巢湖水厂曾因大量藻类堵塞滤池被迫停止运转，造成近亿元经济损失。

6）破坏水生生态系统。正常情况下，湖泊中各种生物处于相对平衡的状态，存在大量的独立物种，种间关系密切。但是，一旦水体受到污染而呈现富营养状态，水体的正常生态平衡就会被扰乱，生物物种明显减少，而存活生物的个体数剧增，这种物种演替降低了水生生物的稳定性和多样性，导致水生生态系统的破坏。

3.5　材料损害

大气污染严重威胁工业生产，影响经济发展，造成大量人力、物力和财力的损失（表 3-7）[46]。大气污染物对工业的危害主要有两种：一是大气中的酸性污染物和 SO_2、NO_2 等对工业材料、设备和建筑设施的腐蚀；二是飘尘增多给精密仪器、设备的生产、安装调试和使用带来不利影响。大气污染对工业生产的危害，从经济角度来看就是增加了生产的费用，提高了成本，缩短了产品的使用寿命。

表 3-7　大气污染对物质材料的损害

物质材料	损害形式	物质材料	损害形式
金属	腐蚀生锈	摄影物品	小污点
建筑材料	表面腐蚀变脏，黑皮形式	纺织涂料	褪化变色
陶瓷玻璃	表面腐蚀，结皮形式	纺织品	抗拉强度降低，变脏
油漆有机涂料	表面腐蚀，褪色变脏	皮革	强度降低，粉末状表面
纸	脆化褪色	橡胶	破裂

酸雨能使非金属建筑材料（混凝土、砂浆和灰砂砖）表面硬化，水泥溶解出现空洞和裂缝，导致强度降低，从而损坏建筑物。酸雨使建筑材料变脏、变黑，影响城市市容和城市景观，被人们称为"黑壳"效应。我国酸雨正呈蔓延之势，是继欧洲、北美之后世界第三大重酸雨区。20 世纪 80 年代，我国的酸雨主要发生在以重庆、贵阳和柳州为代表的川

贵两广地区，酸雨区面积为 170 万 km^2。到 90 年代中期，酸雨已发展到长江以南、青藏高原以东及四川盆地的广大地区，酸雨面积扩大了 100 多万 km^2。以长沙、赣州、南昌、怀化为代表的华中酸雨区现已成为全国酸雨污染最严重的地区，其中心区年降酸雨频率高于90%，几乎到了逢雨必酸的程度。以南京、上海、杭州、福州、青岛和厦门为代表的华东沿海地区也成为我国主要的酸雨区。华北、东北的局部地区也出现酸性降水。1998 年，全国一半以上的城市，其中 70% 以上的南方城市及北方城市中的西安、铜川、图们和青岛都下了酸雨。酸雨在我国已呈燎原之势，覆盖面积已占国土面积的 30% 以上。据报道，渥太华的加拿大议会大厦因酸蚀而变黑，波兰的古建筑和文物古迹亦遭受损害，华盛顿附近的林肯纪念像自 1922 年以来已被酸雨侵蚀掉 8 mm 厚的大理石。据美国估计，由酸雨造成这方面的损失每年可达 250 万美元。我国重庆市因受酸雨和酸雾的作用，供电系统线路金属件的维修周期将近缩短了一半，仅沿街水银灯的金属件和线路维修一项就损失 40 余万元。不仅如此，重庆市建筑物和一些金属设施损害情况比较严重，如嘉陵江大桥、市区公共交通车辆、建筑机械、船舶等，由于酸雨及酸雾对金属材料的腐蚀迅速加快，使用寿命大为降低；新建楼房外部装修仅能保持 1～2 年就开始变色、剥落，混凝土材料只需 3～4 年外层砂浆就被侵蚀剥落，露出砂子。1956 年落成的重庆市体育场的水泥栏杆现已千疮百孔，凹凸不平，石子外露了 1 cm 多。按时间计算，水泥平均每年被侵蚀 0.4 mm。

黑碳气溶胶是大气气溶胶的重要组成部分，主要是含碳物质（主要是化石能源）不完全燃烧产生的不定型碳质。实际上大气中气溶胶粒子不是白色而是灰色的，因为它包含黑碳粒子。对于建筑物来说，黑碳的表面沉降和附着会破坏建筑物外观。

结语

人类向大气中排放的温室气体和污染物质带来的多重效应已引起各国政府和公众的普遍关注。我国是一个人口众多的发展中大国，正处于经济快速发展与城市化步伐加快时期，同时由于我国能源技术陈旧、装备落后，导致我国排放出大量的温室气体和污染物质。目前我国是第一大温室气体排放国，而且温室气体排放增长量占全世界增长量的 40%。据国际能源机构 2006 年报道，由于大量燃烧煤炭，在世界十大污染最严重的城市中，中国的城市占了 5 个。中国 1/3 的国土遭受酸雨影响，1/3 的农村人口生活在严重污染的空气中。人类排放激起的"千重浪"不仅波及我国，而且对我国的影响程度也较为严重。因此，了解人类排放带来哪些多重效应对我国空气污染监测和控制以及应对气候变化都具有重大现实意义。

参考文献

[1]　Ackerman A S，Toon O B，Stevens D E，et al. Reduction of tropical cloudiness by soot[J] . Sciences，2000，288（5468）：1042-1047.

[2]　Bernard S M，Samet J M，Grambsch A，et al. The potential impacts of climate variability and change on air

pollution-related health effects in the United States[J]. Environmental Health Perspectives，2001，109（2）：199-209.

[3] Lorenzoni I，Pidgeon NF，O'Connor RE. Dangerous climate change：the role for risk research[J]. Risk Analysis，2005，25：1387-1398.

[4] 白建辉，王庚辰. 黑碳气溶胶研究新进展[J]. 科学技术与工程，2005，5（9）：585-591.

[5] 阚海东，陈秉衡，汪宏. 上海市城区大气颗粒物污染对居民健康危害的经济学评价[J]. 中国卫生经济，2004，23（252）：8-11.

[6] 孔琴心，刘广仁，李桂忱. 近地面臭氧浓度变化及其对人体健康的可能影响[J]. 气候与环境研究，1999，4（1）：61-66.

[7] 李永红，程义斌，金银龙，等. 气候变化及其对人类健康影响的研究进展[J]. 医学研究杂志，2008，37（9）：96-97.

[8] 李会娟，于文博，刘永泉. 城市二氧化氮、悬浮颗粒物、二氧化硫健康危险度评价[J]. 国外医学：地理分册，2007，28（3）：133-135.

[9] 刘玲，张金良.热浪与非意外死亡和呼吸系统疾病死亡的病例交叉研究[J]. 环境与健康杂志，2010，27（3）：95-99.

[10] 刘学恩. 全球气候变化对人群健康的潜在影响[J]. 国外医学：卫生学分册，1997，24（3）：159-162.

[11] 秦世广，汤洁，温玉璞. 黑碳气溶胶及其在气候变化中的意义[J]. 气象，2001，27（11）：3-7.

[12] 赵金琦，金银龙. 气候变化对人类环境与健康影响[J]. 环境与健康杂志，2010，27（5）：462-465.

[13] 周启星，黄国宏. 环境生物地球化学及全球环境变化[M]. 北京：科学出版社，2001：24.

[14] 周启星.气候变化对环境与健康影响研究进展[J]. 气象与环境学报，2006，22（1）：55.

[15] 周晓农. 气候变化对媒介传播性疾病的潜在影响[A]. 2008 年气候变化与科技创新国际论坛论文集. 北京：科技部，2008：242.

[16] 法律教育网. http://www.chinalawedu.com/web/21678/.

[17] 北京市大气污染的特征及其控制：http://www.bj.xinhuanet.com/txy/1.htm.

[18] 颗粒物. http://baike.baidu.com/view/205541.htm.

[19] 一次颗粒物.http://www.upicture.com.cn/Knowledge/nPost/nPost_31950.htm.

[20] 一次颗粒物. http://baike.baidu.com/view/1676426.htm.

[21] 二次颗粒物. http://baike.baidu.com/view/2179822.htm.

[22] 傅蓉，周著华，白洁，等. 基于 FY-3A/MERSI 资料反演地面能见度[A]. 第十七届中国遥感大会摘要集，2010.

[23] 中国气象局. QX/T 114—2010 能见度等级和预报[S]. 北京：气象出版社，2010.

[24] 杨复沫，马永亮，贺克斌. 细微大气颗粒物 $PM_{2.5}$ 及其研究概况[J]. 世界环境，2000（4）：32-34.

[25] 董雪玲.大气可吸入颗粒物对环境和人体健康的危害[J]. 资源·产业，2004，6（5）：50-53.

[26] 刘大锰，李运勇，蒋佰坤，等. 北京首钢地区大气颗粒物中有机污染物的初步研究[J]. 地球科学，2003，28（3）：275- 280.

[27] 黄侃. 亚洲沙尘长途传输中的组分转化机理及中国典型城市的霾形成机制[D]. 上海：复旦大学，2010.

[28] 沙尘暴天气等级. http://baike.weather.com.cn/index.php? doc-view-2435.php.

[29] IPCC. The physical science basis - contribution of working group I to the fourth assessment report of IPCC[M]. New York：Cambridge University Press，2007.

[30] Ramanathan V，Carmichael G. Global and regional climate changes due to black carbon[J]. Nature Geoscience，2008，1：221-227.

[31] 张华，王志立. 黑碳气溶胶气候效应的研究进展[J].气候变化研究进展，2009，5（6）：311-317.

[32] Menon S，Hansen J，Nazarenko L，et al. Climate effects of black carbon aerosols in China and India[J]. Science，2002，297：2250-2253.

[33] Huang Y，Chameides W L，Dickinson R E. Direct and indirect effects of anthropogenic aerosols on regional precipitation over east Asia[J]. Journal of Geophysical Research，2007，112，D03212，doi：10.1029/2006JD007114.

[34] Xu Q. Abrupt change of mid-summer climate in central east China by the influence of atmospheric pollution[J]. Atmospheric Environment，2001，35：5029-5040.

[35] 孙家仁，许振成，刘煜，等. 气候变化对环境空气质量影响的研究进展[J]. 气候与环境研究，2011，16（6）：805-814.

[36] Jacob D J，Winner D A. Effect of climate change on air quality[J]. Atmospheric Environment，2009，43：51-56.

[37] 石广玉，檀赛春. 大气气溶胶及其气候效应[J]. 科学观察，2007，2（5）：39.

[38] 余叔文，等. 植物对二氧化硫的反应和抗性研究：质膜透性的变化和二氧化硫伤害[J]. 植物生理学报，1979，5：403.

[39] 何崇生，孙莉明. 酸雨对植物的危害[J]. 鹤城环境，1993，17（2-3）：29-32.

[40] 刘琴. 酸雨的形成和危害[J]. 武汉水运工程学院学报，1983，4：107-114.

[41] 汪开治. 环境大气臭氧污染对植物的影响（一）[J]. 生物学通报，1993，28（4）：1-3.

[42] 陈水勇，吴振明，俞伟波，等. 水体富营养化的形成、危害和防治[J]. 环境科学与技术，1999，85：11-15.

[43] 赵不渵，刘柏朱，卢晓芳，等. 水体富营养化的形成、危害和防治[J]. 安徽农学通报，2007，13（17）：51-53.

[44] 周立操. 水体富营养化的形成、危害和防治——水体富营养化的探讨[J]. 现代经济信息，2009，20：294.

[45] 刘扬扬，靳铁胜，杨瑞坤. 浅析水体富营养化的危害及防治[J]. 中国水运，2011，11（5）：150-151.

[46] 陈英旭. 环境学[M]. 北京：中国环境科学出版社，2001.

第4章

气溶胶的爱与恨

导语

> 悬浮在空气中的微粒又被形象地称为气溶胶（aerosol），是当前中国首当其冲的大气污染物，自然遭到人们的"愤恨"。但对于气候学家来说，气溶胶的存在直接和间接地改变了地球的辐射平衡，无意间成为了抵消温室气体致暖作用、抑制全球变暖的最主要因素，因而对其充满"爱意"。在爱与恨之间，表现了人们的矛盾心理和多样需求，正是考验人类智慧和能力的时候。

4.1 气溶胶的多面特征

对气溶胶的基本知识和特征进行初步了解是理解气溶胶诸多影响的基础，因此本章将用一些笔墨介绍这方面的知识。

4.1.1 气溶胶概述

气溶胶是大气中主要污染成分之一，也是导致大气环境能见度降低的主要原因[1]。在全球对流层范围内，气溶胶颗粒物被认为是影响气候变迁的重要因素之一[2-5]。大气颗粒物可以通过光散射和光吸收（如黑炭）直接影响气候变化[6]，也会通过改变云的光学性质和存在周期间接影响气候[7-10]。此外，流行病学研究指出，大气颗粒物的存在，尤其是粒径较小的超细颗粒物同样会危及人体健康，包括引发呼吸系统疾病等，并且发现呼吸道疾病的发病率与大气中颗粒物的质量浓度有关[11-18]。

大气气溶胶是地球大气层中十分重要的一部分。从概念上讲，大气气溶胶是气体和重力场中具有一定稳定性的、沉降速度小的粒子的混合系统，同时也指悬浮在大气中直径在 $0.001\sim100~\mu m$ 的尘埃、烟粒、微生物以及由水和冰组成的云雾、冰晶等固体和液体微粒共同组成的多相体系。大气气溶胶作为地气系统的重要组成部分，是气候效应中的重要影响因子，不仅直接影响地气系统辐射能的收支状况，而且还可以通过改变大气中云的寿命而间接影响气候。大气气溶胶的散射、吸收等光学特性和气溶胶的时空分布特性研究更是当今气候效应和环境效应研究中的热门课题。

从地球形成之初，气溶胶就一直存在。自然界的火山喷发、沙尘、生物质燃烧、海洋飞沫等均是气溶胶的重要来源。但随着人类活动的加剧，气溶胶的来源逐渐从自然源扩大到多种人为源，气溶胶也成为大气中的主要污染成分之一，是导致大气环境能见度降低的主要原因。自工业革命以来，人类活动已经在许多地区对大气气溶胶的释放产生了明显影响，特别是造成了硫酸盐、硝酸盐、有机物和烟尘气溶胶的增加。气溶胶的寿命和参与的大气过程与其物理、化学、光学等性质有密切关系，如图 4-1 所示，气溶胶从自然及人为源排出后，可以参与大气中的多个过程，如通过二次转化形成二次气溶胶，通过与水汽结合吸湿增长，作为云凝结核参与到云水物理化学过程中，由干湿沉降过程脱离大气等。

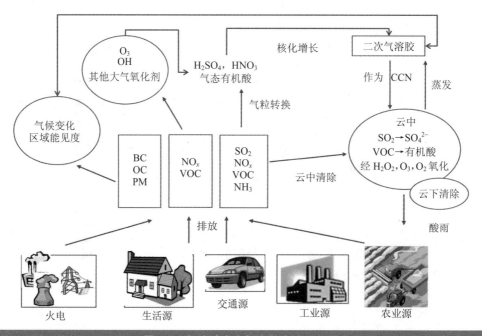

图 4-1 气溶胶在大气中的生消过程示意

4.1.2 气溶胶的物理特征

无论是对气候效应的影响还是对人体健康的作用，气溶胶的物理形态、化学组分的粒径分布特征扮演着十分重要的角色。在大气气溶胶研究中，一般按照颗粒物的粒径大小对颗粒物进行物理分类，$PM_{2.5}$ 代表粒径小于 2.5 μm 的颗粒物，而 PM_{10} 代表粒径小于 10 μm 的颗粒物。图 4-2 用形象的方法说明了不同粒径颗粒物的大小对比：$PM_{2.5}$ 的空气动力学直径还不到人类头发的 1/20。

早期针对颗粒物的研究一般集中在粗模态颗粒物，随着对细颗粒物研究的深入，研究界逐渐将研究重点集中到细颗粒物领域，并涉及颗粒物的个数浓度粒径分布、表面积浓度粒径分布及体积浓度（或质量浓度）粒径分布等。Aitken 在 1897 年首次报告了大气中超细颗粒物的粒径分布和新颗粒物生成的证据，但是直到现代测量仪器得到长足发展之后（可以测量到直径为 3 nm 的颗粒物粒径分布的仪器），量化颗粒物生成和生长过程才成为可能。

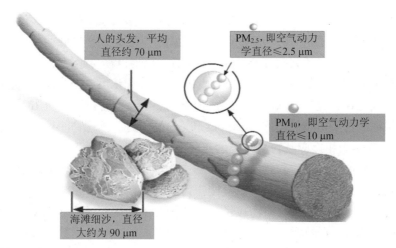

资料来源：US EPA，2003。

图 4-2　颗粒物粒径的比例

如图 4-3 所示，通常意义上讲，直径为 3～20 nm 的颗粒物被称作"凝结核模态"气

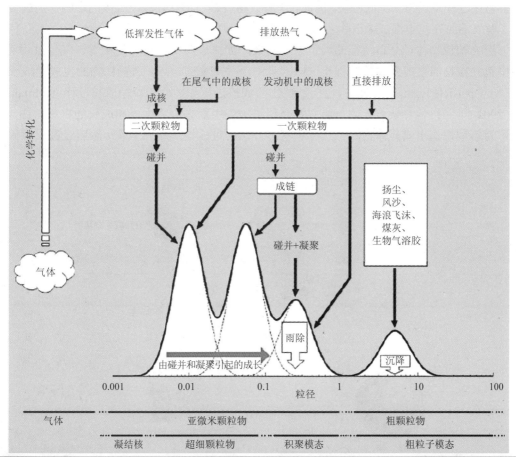

图 4-3　各模态颗粒物粒径分布特征及相关大气污染物的关系示意[1]

溶胶，在此模态中的颗粒物主要是由气态前体物的凝结和生长产生的。其他模态的颗粒物被归类为 Aitken 模态（直径 20～90 nm）、积聚模态（直径 90～1 000 nm）和粗粒子模态（直径大于 1 000 nm）。一般将直径小于 100 nm 的颗粒物也称为超细颗粒物。

颗粒物粒径分布（比如化学成分、个数浓度、表面积浓度、质量浓度等的颗粒分布）的变化会对大气光化学过程、气候效应等产生不同影响，同时可以反映出不同大气环境中污染物排放特征和污染类型的不同。Senfield 和 Pandis[1]提出颗粒物的粒径分布在很大程度上影响了大气气相-固相反应及物质转化的反应界面，尤其是表面积浓度粒径分布决定了大气中光化学反应界面的特征。粒径在 100 nm～1 μm 的颗粒物可以较强地散射太阳光，粒径大于 100 nm 的颗粒物在大气中可以直接作为云凝结核存在而影响云的形成和发展，对全球气候变迁具有重要影响。颗粒物粒径分布特征对于区域云层的形成及降水等也有重要影响，Dusek 等[19]提出颗粒物的粒径分布对于云的形成的影响作用甚至要大于颗粒物化学成分造成的影响。此外，不同地区的污染排放及光化学污染类型也可以直接反映在颗粒物粒径分布特征上，对于大气中的新颗粒物来说，主要是小于 100 nm 的超细颗粒物，这些超细颗粒物的主要来源可以分为一次排放源引起的（如燃烧源和交通排放源）和大气光化学生成的二次颗粒物（通过颗粒物的生成和成长）。而一次排放颗粒物也可以通过大气中的诸多物化过程发展为二次颗粒物。因此，了解气溶胶颗粒物对环境及气候的影响作用就要首先了解气溶胶在被干湿沉降消除之前在大气中是如何进行传输转化的。

影响颗粒物粒径分布特征的因素十分复杂，如排放源特征和大气化学、气象过程等，其中新颗粒物的生成及成长过程是这些因素中至关重要的一环。新颗粒物的生成及成长过程（New particle formation，NPF）包括颗粒物的成核过程和之后的粒径成长过程。Kulmala[20]在 2003 年《科学》杂志上的一篇文章介绍了大气中新颗粒物生成和成长的机理。图 4-4 所示为新颗粒物生成前体物气体从分子状态开始通过成核形成分子簇，然后经过成核后的

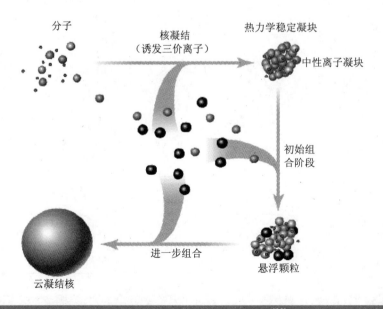

图 4-4　颗粒物生成及成长过程示意[20]

初始成长成为颗粒物，进一步通过成长过程成长为云凝结核（CCN）的整个过程。颗粒物的成长会使 CCN 在大气中积聚、增多，直接导致云层的形成，并且其成分的变化也会影响成云降水化学性质。实际上，云一定程度上可以将边界层排放的污染物进行垂直分布上的再分配，从而将边界层污染物携带到自由对流层甚至平流层。此外，云还可以影响太阳辐射及地球长波辐射，从而影响大气的光化学效应和地球的辐射平衡。对于大气污染物来说，成云降水过程同时又是有效的去除机制，另一方面也为大气中的化学反应提供了理想的反应界面，使一些在气相环境中难以反应或反应较慢的反应得以实现或加速实现。例如，Langner 和 Rodhe[21]提出在全球范围内超过 70%的 SO_2 向 SO_4^{2-} 的氧化转化是在云滴中实现的。综上所述，颗粒物生成与成长过程对于大气环境化学的影响是极为重要的。

　　在以粒径大小描述颗粒物的物理形态时，除了粒径的尺寸大小，另一个重要的因子是颗粒物的形状。大气中的颗粒物种类多样，不同来源和不同种类的气溶胶颗粒物形貌特征大相径庭，如图 4-5 所示，气溶胶可以呈圆形、不规则形、链状、超细颗粒物等。不同化学成分的颗粒物也具有不同的形态，如图 4-6 中的硫酸铵颗粒物，其显微图像中表现出圆形的特征。此外，相同来源的颗粒物在不同光化学年龄条件下，其物理形态也会有较大的改变，如图 4-7 中，右图为新排放的黑碳颗粒物，呈链状，而经过一定光化学反应后，颗粒物具有了一定的年龄，外形特征上呈现球形。

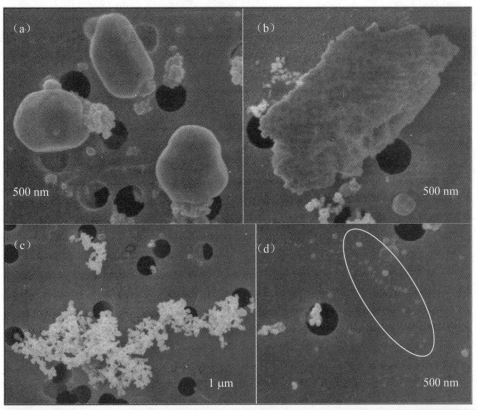

图 4-5　不同颗粒物的形貌特性（似圆形、不规则形、链状、超细颗粒）

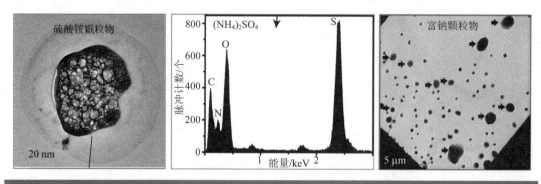

图 4-6 硫酸铵颗粒物和富钠颗粒物

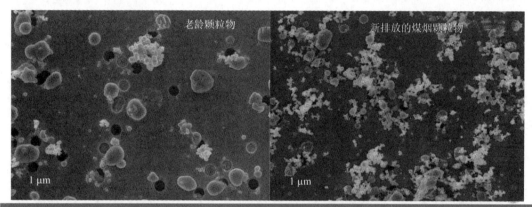

图 4-7 不同年龄颗粒物的形貌特性

4.1.3 气溶胶的化学特征

从化学角度来看，气溶胶是多种化学成分的组合体。图 4-8 为气溶胶颗粒主要化学成分的示意图，总体上包含无机组分和有机组分，其中无机组分中的离子成分主要以硫酸盐、硝酸盐和铵离子等二次离子为代表，而无机碳成分主要为黑碳（BC），也称为元素碳（EC）。此外，颗粒物无机组分还包括矿物尘等。

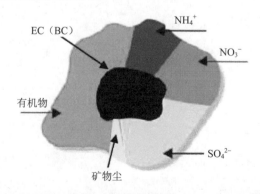

图 4-8 颗粒物的主要化学成分组成

有机气溶胶是大气气溶胶的重要组分，在污染严重的城市地区一般占 PM$_{2.5}$ 和 PM$_{10}$ 质量的 20%～60%，而在偏远地区占 PM$_{10}$ 的 30%～50%。无论在污染地区还是在偏远的背景地区，有机气溶胶都是由数百种有机化合物组成的混合物，其中许多具有致癌、致畸和致突变性，如多环芳烃（PAHs）、多氯联苯（PCBs）和其他含氯有机化合物。有机气溶胶还能影响大气能见度，是大气光化学烟雾、酸沉降的重要贡献者，可通过长距离传输对区域和全球环境产生重要影响。

目前的 GC-MS 测量技术水平已经鉴别出有机气溶胶含有正构烷烃、正构烷酸、正构烷醛、脂肪族二元羧酸、双萜酸、芳香族多元羧酸、多环芳烃、多环芳酮和多环芳醌、甾醇化合物、含氮化合物、规则的甾烷、五环三萜烷以及异烷烃和反异烷烃等。大气颗粒物中已经被测出的以及根据光化学和热力学反应计算出的应该存在的有机物种多达几百种，但这几百种有机化合物仅占颗粒物有机质量的 10%～40%。Rogge 等检测出的 80 多种有机化合物约占总有机物的 13%，只占细粒子质量的大约 2%。未鉴别出的部分包括腐植酸、高分子量化合物、高极性化合物和不能分辨的环烷烃和支链烷烃混合物。因此，人们对有机气溶胶的化学组成、浓度水平和形成机制的了解还有很长的路要走。

4.2　气溶胶对空气能见度的影响

从前述气溶胶光学与辐射特征可知，气溶胶对于太阳光有吸收和散射的作用，从而影响太阳光到达地面的效果。同样的道理，气溶胶也会影响太阳光到达物体后通过折射、反射或散射后到达人眼的效果，即影响大气能见度（图 4-9）。

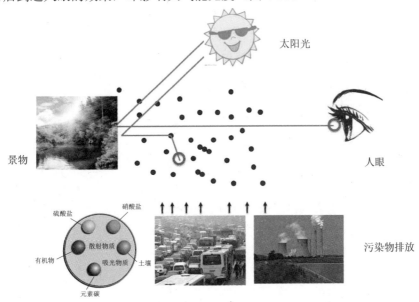

图片来源：Schichtel et al.，*DSSs in Support of Visibility Regulations and Science End to End Solutions*。

图 4-9　气溶胶颗粒物对能见度的影响

能见度（visual range）指视力正常的人在当时的天气条件下，能从背景（天空或地面）

中识别出具有一定大小的目标物的最大距离（单位：km）。大量的研究表明，城市能见度降低是由气溶胶细粒子$PM_{2.5}$和NO_2气体对来自物体的光信号的散射和吸收造成的。北卡罗来纳州立大学资源与环境系Shendrihar与华盛顿区域空气质量控制小组于2003年5月的联合研究表明，北卡罗来纳州东部$PM_{2.5}$浓度与颗粒物散射系数有很好的相关关系，而且$PM_{2.5}$浓度可用散射系数估算。

光减弱的程度用消光系数b_{ext}（1/m）表示。

能见度（V_d）可以由下式计算：

$$V_d = 3.91/b_{ext}$$

消光系数b_{ext}的构成通常用下式表示：

$$b_{ext} = b_{sp} + b_{sw} + b_{sg} + b_{ap} + b_{ag}$$

式中，b_{sp}是细粒子对光的散射，通常在城市环境中是光衰减的最大成分；b_{sw}是由空气湿度引起的光散射，当相对湿度高出70%时变得很重要；b_{sg}是清洁空气产生的瑞利散射，在海平面它是$0.13 \times 10^{-4}\,m^{-1}$；$b_{ap}$是细粒子产生的光吸收，通常是光衰减的第二大因素，细粒子中产生光吸收的主要成分是包含在烟灰（soot）中的黑碳，早期的文献经常用"烟灰"指代今天的"黑碳"一词。每年世界上排放的黑碳量占碳排放总量的1.1%～2.5%，占全部颗粒物排放量的0.2%～1%，但是，它们的总消光系数是透明颗粒的2～3倍，这些颗粒物对光的吸收可能会使一些地方的能见度降低一半以上；b_{ag}是与NO_2浓度有关的消光系数，$b_{ag} = 3.3[NO_2]$。

作为大气污染的重要组成部分，颗粒物是引起能见度下降和霾天气形成的关键因子。在人类活动强度不太大时，霾主要是自然现象。霾的前身，可以是尘卷风、扬沙、沙尘暴，当风速减小、大气层结稳定，尘粒浓度增加到一定程度而影响能见度时，就出现了霾。城市中霾的出现则和人类活动密切相关。人类活动大量排放的烟尘悬浮物（一次颗粒物）和气体污染物经过充分的光化学反应后生成的二次颗粒物在高压控制的静风条件下不易扩散，可导致多日持续霾现象；由于颗粒物的吸湿性增长，当相对湿度较高时可导致极低的能见度天气。

霾天气给人类生产生活带来很大的负面影响。霾中的气溶胶以细颗粒物$PM_{2.5}$为主，这些颗粒物吸附和吸收大气中具有基因毒性和致癌性的多环芳烃及重金属成分，而其中的细粒子极易通过呼吸作用进入并沉积在呼吸道甚至肺部，引起鼻炎、支气管炎等病症，长期处于这种环境还会诱发肺癌。研究表明，细颗粒物每增加$10\,\mu g/m^3$，肺癌死亡率增加8%。此外，霾天气发生时大气能见度降低，从而导致公路、水路和机场交通受到影响。区域性霾能够导致太阳辐射强度减弱与日照时数减少，从而直接或间接地影响气候和降水，对农业、生态系统和国民经济产生重大影响。研究表明，近几年，在我国由于霾等气溶胶污染导致太阳辐射强度减弱与日照时数减少，从而导致水稻、小麦减产5%～30%。

随着我国经济的高速发展，城市化和工业化进程的不断加快，霾现象在我国日趋严重，已经成为一种新型灾害性天气（图4-10）。霾又称棕色云，是由气溶胶和气体污染物形成的一种城市和区域性空气污染现象。霾发生时，空气中的矿物粉尘（土壤尘、火山灰、沙尘）、海盐（氯化钠）、硫酸与硝酸微粒、硫酸盐和硝酸盐、有机碳氢化合物、黑碳等非水成物组成的气溶胶系统粒子均匀地悬浮在空中，散射波长较长的可见光比较多，空气普遍出现混浊（一般呈黄色或橙灰色），导致能见度恶化。霾天气已成为我国城市区域一种严重的灾害性天气现象（图 4-10）。

图 4-10　我国的颗粒物污染

　　我国存在三个明显的大气棕色云区（大范围的区域性霾），即环渤海地区、长江三角洲和成渝地区。中国环境科学研究院、中国环境监测总站、清华大学、北京大学、上海市环境科学研究院、上海市环境监测站、环保部华南环境研究所、中国科学院等单位在该三个地区开展了城市大气能见度的研究工作，主要是从大气污染物浓度以及气象因子对能见度的影响方面进行研究。这些工作在探索大气能见度降低机理方面积累了宝贵的资料，推动了我国大气能见度降低机制的研究，同时也为开展霾天气环境空气质量的评价体系研究提供了基础数据。

4.3　气溶胶的健康危害

　　气溶胶颗粒物不仅可导致大气能见度降低、酸沉降、全球气候变化、光化学烟雾等重大环境问题，也对人体健康有严重危害。尤其是颗粒物族群中粒径小、比表面积大的颗粒物，易于富集空气中的有毒有害物质，并可以随人的呼吸进入体内，甚至进入人体肺泡或血液循环系统，直接导致心血管和呼吸系统疾病，是大气环境中化学组成最复杂、健康危害最大的污染物之一。图 4-11 所示为不同粒径颗粒物在人体呼吸及循环系统中可以到达的深度，粒径较大的颗粒物（$PM_7 \sim PM_{10}$）能影响人体的呼吸道上端，如口鼻处，而粒径较小的 $PM_{2.5}$ 可以到达人体的肺部和支气管，粒径更小的颗粒物甚至可以直接进入肺泡，融入毛细血管，影响血液循环系统。流行病学研究表明，$PM_{2.5}$ 对机体心肺疾病发生率、死亡率存在明显影响。大气 $PM_{2.5}$ 对数浓度每增加 1 个单位，慢性阻塞性肺疾病（COPD）的发生率会增加 1.68 倍，呼吸系统症状出现的危险性增加 1.79 倍。细颗粒物浓度每升高 $10\,\mu g/m^3$，肺癌、心肺疾病的死亡率以及全因死亡率分别增加大约 6%、8%和 1.4%，而粗颗粒物则与死亡率无一致联系。这说明 $PM_{2.5}$ 长期暴露是心肺疾病的重要危险因素。直径在 $0.1 \sim 0.5\,\mu m$ 的颗粒物能随空气分子流动，在呼吸道的阻留反而较少，所以一般来说颗粒物粒径越小越易进入呼吸道深部。细支气管能够沉积高浓度的细颗粒物，细颗粒物与肺组织细胞接触后，吸附其上很难掉落，通过刺激作用导致肺组织细胞尤其是肺泡巨噬细胞的损害。

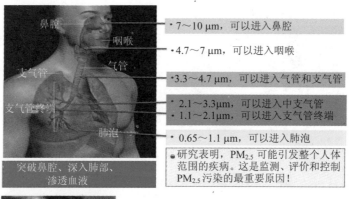

- 7～10 μm，可以进入鼻腔
- 4.7～7 μm，可以进入咽喉
- 3.3～4.7μm，可以进入气管和支气管
- 2.1～3.3μm，可以进入中支气管
- 1.1～2.1μm，可以进入支气管终端
- 0.65～1.1 μm，可以进入肺泡

研究表明，PM$_{2.5}$可能引发整个人体范围的疾病。这是监测、评价和控制PM$_{2.5}$污染的最重要原因！

突破鼻腔、深入肺部、渗透血液

- 有心脏病和肺病的人群（容易受到损害）
- 老人（心脏病和肺病的患病率更高）
- 儿童（好动，单位体重呼吸更多的空气，身体正处于发育期，易受损害）

资料来源：www.dfdaily.com。

图 4-11　不同粒径颗粒物对人体健康的影响

保护居民免受气溶胶颗粒物的健康危害，重要的是界定 PM$_{2.5}$的易感人群，也就是说，确定具有什么特征的居民对 PM$_{2.5}$污染最为敏感。美国国家研究理事会已将居民对颗粒物的易感性推荐作为下一步颗粒物污染研究的主要方向之一。近年的国外流行病学资料显示，女性、老人、儿童、不吸烟者、肥胖者、社会经济状况较差的个体对 PM$_{2.5}$污染更敏感。显而易见，采取措施保护这些易感人群，具有明显的公共卫生意义。

伴随着我国经济的发展，能源消耗和城市机动车数量迅速增加，PM$_{2.5}$业已成为我国城市大气气溶胶的主要成分。根据美国航空航天局（NASA）卫星数据，我国中东部地区已成为全球 PM$_{2.5}$污染最为严重的地区之一。北京、广州、上海等城市的监测数据（年平均 60～110 μg/m^3 不等）也表明，我国多数城市 PM$_{2.5}$污染水平已远高于 WHO 2006 年 10 月发布的《全球空气质量指南》（AQG）（PM$_{2.5}$年平均浓度 10 μg/m^3）和美国大气质量标准（PM$_{2.5}$年平均浓度 15 μg/m^3）。2012 年 2 月，我国将 PM$_{2.5}$加入到新的空气质量标准中，PM$_{2.5}$建议值为年平均 35 μg/m^3，日平均 75 μg/m^3。WHO 在 2005 年估计，全球城市大气 PM$_{2.5}$污染造成每年至少 80 万例居民死亡和 640 万失能调整生命年（DALY）的损失，且这些损失的 65%落在 PM$_{2.5}$污染较为严重的亚洲国家（主要是我国和印度）。我国每年因大

气 $PM_{2.5}$ 健康危害而造成的经济损失为 1 570 亿～5 200 亿元。

4.4 气溶胶的气候效应

一方面，由于气溶胶的健康危害、能见度危害、酸雨危害及其他环境生态危害，人们对其"恨之入骨"也是合乎情理的；但另一方面，又突然发现，气溶胶其实还有些"可爱"之处。就是它们的气候减缓作用。气溶胶的气候减缓作用恰似无意插柳，柳却成荫，不免让人想起塞翁失马，焉知非福？以至于有人开始担心：如果人们真的完全清除了人为气溶胶，气候减缓事业将面临更大的困难。当然，这并不意味着我们为颗粒物污染欢欣鼓舞，只是表明事物往往具有两面性。前面已经简要介绍了气溶胶颗粒物的气候效应，这里将作进一步的阐述。

气溶胶对气候的影响可分为两大方面，即直接影响和间接影响（图 4-12）。直接影响指大气中的气溶胶粒子吸收和散射太阳辐射和地面长波辐射从而影响地-气辐射收支。硫酸盐、化石燃料有机碳、化石燃料黑碳、生物质燃烧及矿物质尘气溶胶都包含显著的人为影响成分，因此显示明显的辐射强迫。决定直接辐射强迫的关键因素是气溶胶的光学性质，包括单次散射反照率、比消光系数及散射相位函数，这些性质都是波长、相对湿度及水平和垂直的气溶胶大气载荷和地理分布的函数，并随时间的变化而变化。

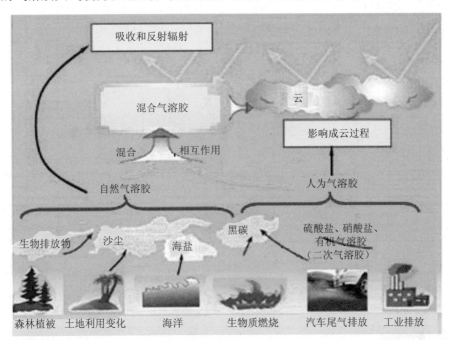

图片来源：http://www.ieexa.cas.cn/kxcb/kpwz/200909/t20090909_2469884.html。

图 4-12 气溶胶颗粒物的气候效应

气溶胶对气候的间接影响是由于气溶胶通过改变云的微物理性质，进而改变云的辐射性质、云量及云寿命。决定间接效应的关键参数是气溶胶颗粒作为云凝结核的有效性，受气溶胶粒径、化学组成、混合状态及环境因素的影响。间接效应通常分为两种类型：一种叫作云反照率效应或者图梅效应（Twomey effect），是由于上述微物理性质影响了云滴数浓度和云滴粒径，进而影响云的反照率；另一种叫作云寿命效应，是由于云微物理性质的变化影响云的液态水含量、云高及云寿命，因此影响辐射平衡和气候。由于气溶胶的时空多变性、化学成分的复杂性以及气溶胶—云凝结核—云—辐射之间复杂的非线性关系，气溶胶对气候的间接强迫作用仍是全球气候变化数值模拟和预测中最不确定的因子。

图 4-13 是 IPCC 第四次评估报告中《决策者摘要》的一个重要技术图示，从中可以看出，在 2005 年，全球 CO_2 的辐射强迫为 1.66 W/m^2，而气溶胶的气候强迫为-1.2 W/m^2，也就是说，大部分来自 CO_2 的致暖效应似乎被气溶胶的存在抵消了，显示了人为气溶胶在当代气候减缓事业中所起的极其重要的作用。不过，正如上面提到的，关于气溶胶的辐射强迫的认识水平目前比 CO_2 低得多，因此，不确定度比 CO_2 也大得多，彰显了进一步研究的必要性。

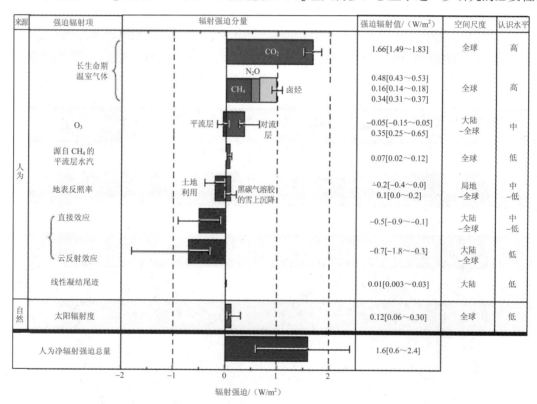

注：包括人为 CO_2、CH_4、N_2O 和其他重要成分和机制，以及各种强迫的典型地理范围（空间尺度）和科学认识水平（LOSU）的评估结果，同时给出人为净辐射强迫及其范围（IPCC-AR4《决策者摘要》）。

图 4-13 2005 年全球平均辐射强迫（RF）估算值及其范围

在各种人为气溶胶中，硫酸盐和含碳气溶胶（包括有机碳和黑碳）对气候的影响最大。国外一些学者将三维化学输送模式与大气和海洋模式耦合起来研究了硫酸盐和温室气体共同强迫引起的气候响应，得出全球温度对 CO_2 强迫和硫酸盐强迫的响应有很大的差异。对同样大小的强迫，CO_2 引起的温度响应明显比硫酸盐引起的温度响应大，但是硫酸盐气溶胶的气候响应具有明显的日变化和季节变化特征。对过去气候（1860 年以来）和将来气候（至 2050 年）的模拟表明，硫酸盐气溶胶的引入极大地改善了模式对过去全球平均温度记录的模拟。在仅考虑温室气体的情况下，未来全球平均气温每十年上升 0.3℃，考虑硫酸盐直接强迫后，全球平均气温每十年上升 0.2℃。所以，在用全球或区域模式进行气候预测时，仅考虑温室气体的影响是不够的，必须同时考虑气溶胶和其他辐射强迫因子的作用。

我国是全球硫酸盐气溶胶含量较大、工业污染较严重的地区之一。此外，每年起源于西北地区特别是春季的沙尘及黄土类气溶胶在大气中的含量也相当大，它们可以随高空气流传输到下游很远的地方，对我国东部及邻近海域的环境与气候均造成严重的影响。由于缺少气溶胶的直接观测资料，我们对大气气溶胶的分布和变化规律缺乏一个定量而全面的认识。如何得到中国地区气溶胶的时空演变和平均分布特征，已成为一个亟待解决的基础问题。对气溶胶特征的分析，将有助于研究大气气溶胶对环境和气候的影响，进而为提出合理的应对气候变化的对策提供科学依据。

结语

　　气溶胶是当今气候研究领域最不确定的因素，但总体说来是负的辐射强迫，即抑制变暖作用，因此从这一点来看，人们免不了有些庆幸。但是，普通人实际上不会感受到气溶胶的气候减缓作用，却能很直接地感受到它对环境、健康、生态等方面的负面影响，因此，爱恨之间，似乎恨之更切。如何扬长避短，是一个值得研究的课题，也许后面第 8 章提到的地球工程，会是一个不错的考虑。

参考文献

[1]　Seinfeld J H，Pandis S N. Atmospheric Chemistry And Physics: From Air Pollution To Climate Change[M]. Now York: Wiley，1998.

[2]　Stott P A，Tett S F B，Jones G S，et al. External control of 20th century temperature by natural and anthropogenic forcings. Science，2000，290：2133-2137.

[3]　Ramanathan V，Crutzen P J，Kiehl J T，et al. Aerosol，climate，and the hydrological cycle[J]. Science，2001，294：2119-2124.

[4]　Yu S，Saxena V K，Zhao Z. A comparison of signals of regional aerosol-induced forcing in eastern China and southeastern United States[J]. Geophysical Research Letters，2001，28：713-716.

[5]　Menon S，Del Genio A D，Koch D，et al. GCM simulations of the aerosol indirect effect: Sensitivity to cloud parameterization and aerosol burden[J]. Journal of Atmospheric Sciences，2002，59：692-713.

[6]　Schwartz S E.The Whitehouse effect—shortwave radiative forcing of climate by anthropogenic aerosols: an overview[J]. Aerosol Sci，1996，27：359-382.

[7]　Twomey S. Pollution and the planetary albedo[J]. Atmospheric Environment，1974，8：1251-1256.

[8]   Warner J. A reduction of rainfall associated with smoke from sugar-cane fires—an inadvertent weather modification[J].Journal of Applied Meteorology，1968，7：247-251.

[9]   Rosenfeld D. Suppression of rain and snow by urban and industrial air pollution[J]. Science，2000，287：1793-1796.

[10]   Intergovernmental Panel on Climate Change . Climate Change 2001[M]. New York：Cambridge Univ. Press，2002.

[11]   Oberdörster G，Ferin J，Finkelstein J，et al. Increased pulmonary toxicity of ultrafine particles? II. Lung lavage studies[J]. Aerosol Sci，1990，21：384-387.

[12]   Oberdörster G. Toxicology of ultrafine particles: in vivo studies[J]. Philos Trans R Soc Lond，2000，A，358：2719-2740.

[13]   Donaldson K，Li X Y，et al. Ultrafine (nanometer) mediated lung injury. Journal of Aerosol Science，1998，29(5-6)：553-560.

[14]   Donaldson K，Brown D，et al. The pulmonary toxicology of ultrafine particles[J]. Journal of Aerosol Medicine— Deposition Clearance and Effects in the Lung，2002，15(2)：213-220.

[15]   USEPA (2001) United States Environmental Protection Agency. Phenol. Integrated Risk Information System (IRIS，the USEPA online chemical toxicity information service). Accessed August 2002.

[16]   Thurston G D，Spengler J D. A quantitative assessment of source contributions to inhalable particulate matter pollution in metropolitan Boston[J]. Atmos Environ，1985，19：9-26.

[17]   Peters A，Doring A，Wichmann H-E，et al. Increased plasma viscosity during an air pollution episode: a link to mortality?[J]. Lancet，1997a，349：1582-1587.

[18]   Ferin J，Oberdörster G，Penney D P，et al. Increased pulmonary toxicity of ultrafine particles? I. Particle clearance，translocation，morphology[J]. Aerosol Sci，1990，21：381-384.

[19]   Dusek U et al. Size matters more than chemistry for cloud-nucleating ability of aerosol particles[J]. Science，2006，312（137）：5-8.

[20]   Kulmala Markku. How Particles Nucleate and Grow[J]. Science，2003，302：1000-1001.

[21]   Langner J，H Rodhe. A global three-dimensional model of the tropospheric sulfur cycle[J]. Atmos. Chem.，1991，13：255-263.

第5章

氮：难说平淡

导语

氮气是大气的首要成分，约占 78%，但在常人眼里，氮气是很平淡的，远不及第二位的氧气（约 21%）活跃。然而，氮又是多变的，一旦条件适宜，氮元素摇身一变成为活性氮，就会很不安分，成就了多姿多彩的氮循环，并搅动碳循环，成为影响空气质量和气候变化的双重因子。

5.1 氮的存在形式及氮循环

5.1.1 对氮的初步认识

一般认为，氮元素是由苏格兰科学家丹尼尔·卢瑟福（Daniel Rutherford，1749—1819）于 1772 年首先发现的。氮在自然界中有两种稳定同位素：^{14}N 和 ^{15}N，人工还可以合成 10 种同位素，但只有 ^{13}N 的半衰期可达 10 分钟，其余的只有几秒。

两个氮原子组成的氮气单质常温下为气体，无色、无味、无臭，占大气总量的 78.12%（体积分数），是空气的主要成分。标准大气压下，冷却至 -195.8℃ 时，变成无色的液体；冷却至 -209.9℃ 时，变成白色雪状的固体。氮气的化学性质很稳定，常温常压下很难跟其他物质发生化学反应，近似于惰性气体，所以可以用作保护气、车胎防爆气，恐怕这也是氮气与氧气可以在大气中"和平共处"的原因吧，也足以显示氮看上去是多么的平淡无奇。氮气在可见光及红外区域基本没有吸收作用，主要是由于氮气分子是由两个相同的氮原子组成，没有对该区域产生耦合的偶极矩，因此不会影响太阳的可见光辐射到达地面。

然而，隐藏在平淡无奇、默默无闻背后的，还有非常值得关注的一面，这主要表现在氮元素除了以双原子分子较为稳定地存在于大气中，还以多种形式广泛存在于所有生物组织、蛋白质、核酸及其他分子中，形成了色彩斑斓的生物物种。同时，氮实际还能以多种原子价态存在，形成了林林总总的化学物质，使氮元素可以出入于大气，为地球氮循环提供了取之不尽的源泉。氮对大气环境、生态平衡的影响，进而对碳循环及能量平衡的影响是今天人们特别关注的一个方面，也是应对空气污染和气候变化必须正视的问题。

5.1.2 氮的存在形式

对氮的认识不能停留在化学性质较为稳定的氮气分子本身，而应全面关注各式各样的氮形式，即氮的多样性。氮气以外的氮由于比氮气更具有发生化学反应的倾向性或不稳定性（活性），所以称为反应性氮或活性氮（reactive nitrogen）。氮的多样性是实现氮循环的必要条件。

活性氮包括三种类型：一是氧化态的氮，以 NO_x（主要指 NO 和 NO_2）、N_2O（虽然是氮的一种氧化物，但由于不易参加大气化学反应，所以平时不算在内）、硝酸（HNO_3）及硝酸盐（NO_3^-）形式存在，其中氮原子均为正价态；二是还原态的氮，包括氨气（NH_3）和铵盐（NH_4^+），其中的氮原子与氢原子以共价键结合，电子云的核心更靠近电负性较强的氮原子，因此氮原子化合价为负；三是有机氮，存在于有机物中，表现形式为蛋白质、胺类等。

5.1.3 氮循环

氮循环是形形色色的氮在相同或不同介质间相互转移、转化的过程，这些过程可以是生物过程，也可以是非生物过程，主要包括固氮作用（如豆类作物的自然固氮能力，可将大气氮转化为有机氮）、矿化作用（形成铵盐的过程）、硝化作用（形成硝酸盐的过程）和反硝化作用（由硝酸盐转变为氮气而重返大气）。自然界中陆地氮循环可简要表示为图 5-1，从中可以清晰地看出，微生物在氮循环中起到了关键的作用。比如，豆类植物通过根瘤菌的作用而将大气中的 N_2 变成有机质的一部分（有机氮），土壤中的固氮菌也可以将大气氮转化为铵盐，而嗜氧菌和厌氧菌类的异养生物则可使动植物肢体、粪便进一步腐烂和分解，变为铵盐，铵盐经过硝化菌转化为硝酸盐，这些硝酸盐既可被植物吸收，也可再经反硝化作用，重新进入大气，完成了最典型的氮循环，可见陆地氮循环终结于脱硝作用。

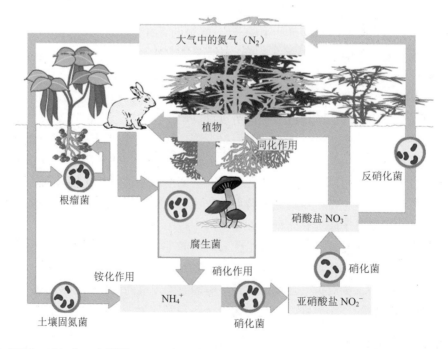

图片来源：http://en.wikipedia.org/wiki/Nitrogen_cycle。

图 5-1　陆地氮循环

　　水体（海洋）氮循环与陆上氮循环既有相似之处也有区别（图 5-2）。活性氮通过降水、径流进入水体，供浮游植物利用，而溶于水中的氮气则可经由蓝细菌转变为浮游植物可利用的形式，所以浮游植物是水体氮循环的重要因素。浮游生物产生的氨和脲可以随着有机质的下沉而从水体透光层进入深水层，经由细菌的硝化作用而变成硝酸盐，硝酸盐一方面可以通过水体的混合和上涌重新进入透光层再次为浮游植物利用，也可脱硝（反硝化）而变为氮气，重新返回大气，完成氮循环[1,2]。

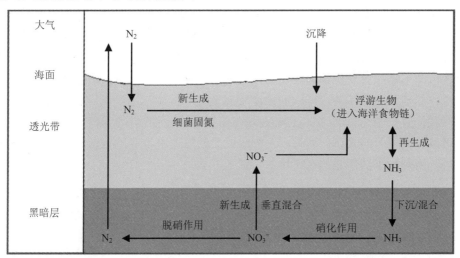

图片来源：http://en.wikipedia.org/wiki/File：Marine_Nitrogen_Cycle.jpg。

图 5-2　海洋氮循环

　　水体和陆地的氮循环主要通过径流连接起来，而径流中丰富的活性氮容易造成河口地区的富营养化、酸化，对生态环境和物种多样性都有影响。

　　最近的研究还发现，岩石中的氮释放也是氮的重要来源，这一点以前一直没有注意到，需加以重视[3,4]。

5.1.4　人类对氮循环的影响

　　自然的固氮作用简单地说就是最终将大气中的 N_2 转变为 NH_4^+ [5]，这从图 5-1 和图 5-2 可以看到，当然，具体的施行者可以是根瘤菌，也可以是土壤的固氮菌，或者是水体的固氮菌。由于氮气本身是十分稳定的，所以固氮就是要将氮原子从紧密束缚的双原子氮单质中解放出来。氮是合成植物、动物及其他生物体基本单元（比如 DNA 和 RNA 中的核苷酸、蛋白质中的氨基酸）必不可少的元素，所以固氮环节是实现生物氮循环的基础。

　　某些固氮效应发生在闪电发生时，更多的固氮是由自生或共生的菌类来完成的，这些菌类生产的固氮酶可以将气态氮和氢结合为氨，再经菌类将这些氨转化为构成生物体的有机化合物。典型的固氮菌为生长在豆类根瘤处的根瘤菌。

　　人类文明的发展和技术的进步，对自然界的氮循环施加了有意或无意的"扰动"，主要表现在四个方面：一是广泛种植豆科植物而增加生物固氮作用，这是不言而喻的。二是工业固氮，是采用著名的 Haber-Bosch 工艺，在高温（≥400℃）高压（200 大气压，即

$2.026 \times 10^7 Pa$）和催化剂（比如铁）条件下，使用天然气（或石油）作为氢的来源，使用空气作为氮的来源，可以高效结合成氨[6]，而氨是化肥、炸药及其他产品的必要前体物，目前采用这种工艺的化肥生产是地球生态系统中人类固氮的主要部分，生产量已超过 1 亿 t [7,8]。三是化石燃料的燃烧过程中产生了大量的 NO_x，诸如机动车发动机的燃油过程、火电厂及工厂的燃煤过程，这些过程产生的 NO_x，大部分是由于高温条件下空气中的氮被裹挟氧化，燃料自身所含氮元素也会变成 NO_x，但一般情况下前者更值得关注，像有些不含氮的燃料（如氢气），燃烧过程中都能产生大量的 NO_x。实际上，通过以上三个环节，人类已经将适于生物吸收氮的转化能力提高了两倍以上[9]。四是人类活动促进了痕量气态活性氮从土壤进入大气或从陆地进入水体。发达国家及部分亚洲国家对全球氮循环影响最大，原因是这两类地区机动车辆排放及集约化农业的发展最为显著[10]。实际上，由于农业施肥、生物质燃烧、畜牧养殖及工业活动，N_2O 的浓度明显上升[11]。

所以我们有一个总体的感觉，Haber-Bosch 合成法的发明确实有利于人类丰衣足食，使地球可以养活更多的人口；同时，人口增长又使集约农牧业迅猛发展，加之化石燃料的消耗，进一步刺激了活性氮的大量排放（图 5-3）。

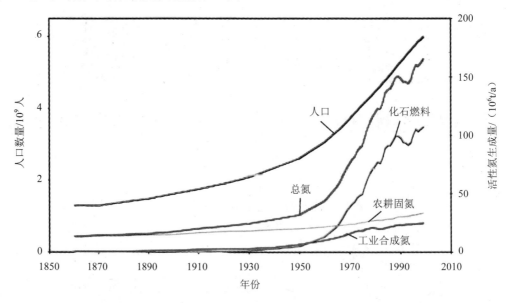

资料来源：Galloway 等，2003。

图 5-3 全球人口（1860—2000 年）及活性氮（N_r）生成量的变化趋势

5.2 人类扰动对空气质量和气候变化影响的关联性和复杂性

人类活动增加了空气、土壤和水体的活性氮的存在，对自然界的氮循环构成了主动或被动"扰动"，进而影响水陆生态系统、空气成分和地球能量收支等。由于这种影响相互关联和嵌套，关系极其复杂，以致人类对其后果的判断忽左忽右，往往顾此失彼，甚至不知如何是好。

5.2.1　基本影响

　　无论是 NO_x 还是 NH_x（NH_3 及 NH_4^+），在空气中的存在时间都很短，来不及通过反硝化作用回到氮气状态，只能在排放后的数小时或数天内沉降到地表，因此它们在对流层的聚集只是限定在区域范围内。同时，大气中的活性氮也会出现多种变化，比如我们熟悉的情况，大量存在的 NO_x 可以部分与 VOCs 反应生成 O_3 及其他光化学氧化剂，大多数则最终被氧化为 HNO_3，进而变成二次无机气溶胶（如硝酸铵），沉降于地表，进入土壤或水体。氨气则一方面可沉降于地表，也可转化为铵盐气溶胶（如硫酸铵或硫酸氢铵），增加了细颗粒物和区域霾的形成[8]。有人对 2009 年 9 月 12 日发生在中国上海的一次霾过程进行了研究，通过吸湿性测量及化学分析，发现 $(NH_4)_2SO_4$ 和 NH_4NO_3 对霾的形成起到明显的作用，期间，$[NH_4NO_3 + (NH_4)_2SO_4]$ 的摩尔比上升至 0.96，恰与氨浓度的增加同步，表明氨在形成硫酸盐和硝酸盐的过程中起到至关重要的作用，对研究城市霾的成因非常有意义（图 5-4）[12]。

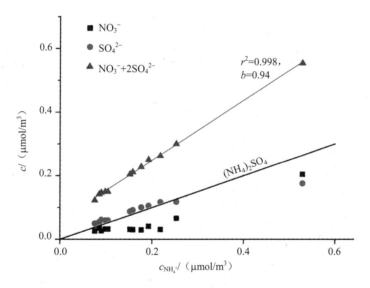

资料来源：Ye et al.，2011。

图 5-4　硫酸盐和硝酸盐浓度之和随 PM2.5 中氨浓度变化的关系

NO_x 和 NH_3 的增加对大气系统的影响可概括如下：

➢ PM2.5 的增加促进了霾的生成，严重降低了大气能见度；
➢ 对流层 O_3 的增加会增强大气的温室效应潜势；
➢ 无论是 O_3 还是细颗粒物都危害人类健康，比如引起严重的呼吸系统疾病、癌症及心脏疾病[13-15]；
➢ 氨对气溶胶影响辐射平衡的直接和间接效应都有重要影响，因此影响气候变化[16,17]；
➢ O_3 的沉降影响农作物、森林及自然生态系统的生长能力；
➢ 活性氮与硫一道，大气沉降会造成生态系统的酸化、肥化甚至富营养化，造成海岸生态系统动物栖息地退化，这是目前海岸带水体最大的污染问题[18-20]。

5.2.2 氮循环的扰动对气候变化的影响

由于碳循环与氮循环紧密耦合，因此活性氮对植物生长的作用及生态系统中的碳累积作用会影响气候变化。向生态系统中增加活性氮会刺激植物对 CO_2 的光合作用，不过这种作用的气候净效应有很大的不确定性，十分值得研究。

一方面，工业化以来持续的 CO_2 浓度增加，相当于增加了大气的肥力，有利于增强生态系统吸收 CO_2 的能力；但是，这种增强可能性又受到植物取得营养可能性的制约，比如很大程度上受到活性氮含量的影响，也就是说，活性氮的存在量是提高植物固碳能力的限制性因素，因此，增加活性氮的排放似乎会增加生态系统对碳的捕集能力，有利于减缓气候变暖，这是人们起初乐观看待人类影响气候的原因。

另一方面，通过大气沉降，自然生态系统中增加的活性氮在空间上与空气污染密不可分，也就是说，哪里的生态系统中得到的活性氮越多，哪里的空气中含有的 NO_x、NH_3 及气溶胶就越多，生成的 O_3 也越多，而 O_3 及其他污染物对植物生长十分不利，也就减少了植物对 CO_2 的封存作用，不利于应对气候变化的努力。更重要的是，活性氮大量进入生态系统还会刺激土壤的 N_2O 排放，我们知道，N_2O 在大气中的寿命长达 100 年，其目前在对流层浓度仍以每年 0.25% 的速度增加 [21]，而 N_2O 的变暖潜势是 CO_2 的 298 倍，对地表大气升温的贡献仅次于对流层臭氧；N_2O 如果进入平流层，还会破坏臭氧层，威胁地球生命系统。与工业化以前相比，N_2O 的排放能力现在已经提高了 40%～50%，IPCC 报告保守地估计，在全球 1 770 万 t N_2O 排放中，有 16% 来源于肥力增加的农田，由于大气氮沉降还使自然生态系统的 N_2O 排放能力也增加了 3%[22]。有研究甚至认为，土壤的 N_2O 排放能力似乎被 IPCC 报告严重低估，实际由施肥农田排放的 N_2O 可能高达总量的 35% [23]。

对于增加的氮沉降是否会增强植物对碳的封存，现在争论颇多。2007 年，Magnani 等[24]在《自然》上发表论文，在剔除了一些不确定因素以后认为，森林的净碳封存能力受到氮沉降的压倒性控制，而这些氮沉降主要是人类活动的结果。由于这种相关性从已有的数据库反映的氮沉降能力范围来看总是正的，所以 Magnani 等对自然条件下出现大范围的生态系统氮饱和的风险提出质疑，并坚信正是人类自己从根本上控制着温带和寒带森林的碳平衡，不管是直接方式（通过森林管理），还是间接方式（通过氮沉降）。Magnani 等的论文随即遭到至少两批科学家的异议，认为必须考虑氮饱和的问题[25,26]，甚至早在 1999 年，就已经有人通过 ^{15}N 技术，证明提升的氮沉降不可能是北温带森林碳汇的主要因素[27]。Janssens 和 Luyssaert[28]则认为，大气氮沉降是否能提高植物的固碳能力是下面三个因素共同作用的结果：第一，从理论上讲，氮沉降的增加通过促进叶片生长或提高光合酶的水平和能力，加大了光合作用对 CO_2 的吸收，因而提高了生态系统的碳储量，这种效果对于低龄快速生长的森林或者以氮作为控制性营养成分的北方寒带针叶林来说尤为明显[29]；但另一方面，如果超出了植物的需求量，甚至导致酸化而破坏根部对氮的吸收时，就意味着氮饱和出现了[30,31]，则不会促进叶片的生长；同时，氮饱和的出现会导致硝态氮从土壤系统中淋出，地表水中硝态氮的浓度就会增加，氮离开原来的生态系统，进入径流和地下水，不再具有任何肥力效应，系统的碳储量不再增加。试验证明，在氮饱和导致硝态氮流失增加的地方，也会引起盐基离子的流失和土壤以及水酸度的增加，使植物体内营养元素出现失衡[32]，这种失衡可能与植物净光合作用和光合氮利用效率的降低、植物生长量的减少和植株死亡率的提高相关[33]。第二，一般情况下，植物为了获得养分和水分，会将相当部分的光合产物投入到根部及根部共生体中，而如果限制性氮充足了，植物则可以将更多的碳从 C/N 比值较低的根部转移到 C/N 比值较高的木质部分，这样即使光合作用对氮沉降本身反应甚微，这种分配方式的变化也会引发更快的木材生长及更大的碳吸收。第三，土壤碳储量由土壤碳输入和土壤微生物引起的基质消耗（使碳被释放至大气中）这两个因素共同决定，而这两个因素是相互竞争的。一方面由于氮沉降始终会阻碍微生物对基质的消耗[34,35]，因而有利于增加土壤碳积累的潜力；而另一方面，由于碳分配由植物落叶向木本质转移，使土壤的碳输入减少，产生土壤有机质所需的氮则增加，土壤碳封存因此可能受到影响。

必须引起注意的是，碳—氮相互作用的结果可能抵消因 CO_2 浓度上升引起的生态系统性能的任何正面作用，诸如 CO_2 浓度上升引起的植物碳封存能力增加之类的有益作用，在氮不足时会很快消失[36]。

5.3 活性氮减排：空气质量和气候变化的共同目标

总的来说，人为氮排放并非人类的直接目的（intentional effect），而是人类活动引起的副效应（side effect）或不良效应（adverse effect）。比如，机动车燃油是为了取得动力，但这个过程中伴随产生了 NO_x（源于高温条件下空气中的氮伴随氧化形成的热力型 NO_x 及原料中的氮经氧化形成的燃料型 NO_x），NO_x 一方面在被氧化以后变成硝酸形成酸雨，或结合为硝酸盐气溶胶，另一方面可以与 VOCs 一起作用而形成 O_3，而对流层的 O_3 既是大气污染物，又是温室气体。又如，在使用煤炭的电厂或工厂，在利用燃烧产生的热能的同时，还伴随生成相当数量的 NO_x。再如，氮肥的施用在增加粮食生产的同时，如果没有被作物吸收，则会通过渗透、NH_3 的挥发、反硝化以及与土壤有机质的聚合等过程被消耗掉。因此，活性氮减排的关键是降低这种副效应，而采取的措施也根据不同情况而不尽相同。

根据张楚莹等[37]的研究，2000 年我国与能源相关的 NO_x 排放总量为 12.1Mt，其中电力、工业、道路移动源的贡献分别占了 38%、26% 和 25%；2005 年，总的 NO_x 上升至 19.1Mt，电力、工业、道路移动源的贡献率分别可达 43%、29% 和 20%。在农业方面，英国进入大气中的 NH_3 有 80% 来源于农业，主要是家畜饲养和肥料使用。同时，农业活动也占英国大气 N_2O 来源的 65%。1860—1960 年，源于人类活动的活性氮生成量并不十分显眼；1960 年以来，这种情况急剧变化，农业耕种每年产生的活性氮从 1860 年的 1 500 万 t 增长到 2000 年的约 3 300 万 t[33]。

近年来，为了保护环境和应对气候变化，中国政府非常重视活性氮尤其是 NO_x 的减排工作，《"十二五"节能减排综合性工作方案》明确要求，到 2015 年，全国氨氮和 NO_x 排放总量分别控制在 238.0 万 t 和 2 046.2 万 t，比 2010 年的 264.4 万 t 和 2 273.6 万 t 分别下降 10%，目前这项工作正在按计划展开。

5.3.1 工业和电力脱硝

这里所谓的脱硝，与前面在介绍氮循环时的反硝化相比，既有相同之处，又有差别，共同之处在于，二者都是将氧化态的氮转化为 N_2；不同之处在于，自然界的脱硝主要依赖微生物的作用，使硝酸盐等转变为 N_2 而重新进入大气，而人类主导的工业、电力及机动车等领域的脱硝，是指通过技术手段减少烟气的温度型和燃料型 NO_x 的排放，从这个意义上讲，工业脱硝实际表现为两类：一是通过各种技术手段，控制燃烧过程中 NO_x 的生成量，这类方法可以称为低 NO_x 燃烧法，或叫炉内脱氮，旨在从源头上减少 NO_x 的生成，包括所有的运行改进措施和燃烧技术措施（表 5-1），现在处在第三阶段，其标志是分级燃烧（图 5-5），而二次燃烧的燃料投入可能不同于一次燃料，比如首次燃烧使用煤粉，二次则使用天然气；二是将已经生成的 NO_x 通过化学手段还原为 N_2，又称燃烧后脱氮或者尾气净化，主要包括选择性催化还原（SCR）、选择性非催化还原（SNCR）。SCR 法需要在适当的催化剂存在下，以氨作为还原剂，温度控制在 $220\sim260℃$，这时可以保证只有少量的 NH_3 与 O_2 反应，而大部分 NH_3 则是参与了对 NO_x 的还原反应，故反应具有相当程度的选择性。主要的反应如下：

$$4NH_3 + 6NO = 5N_2 + 6H_2O$$

$$8NH_3 + 6NO_2 = 7N_2 + 12H_2O$$

SNCR 法则常用合成氨释放气、天然气、焦炉气等燃料气作为还原剂，NO_x 的最终归宿也是 N_2，只是由于废气中的 O_2 浓度远高于 NO_x 的浓度，所以燃料气不仅还原了 NO_x，同时还与 O_2 反应，所以是非选择性的[38]。

表 5-1 典型的炉内脱氮技术			
技术名称	效果	优点	缺点
低氧燃烧	根据原来的运行条件，最多降低20%	投资最少	导致飞灰含碳量增加
降低投入运行的燃烧器数目	15%~30%	投资低，易于锅炉改装	有引起炉内腐蚀和结渣的可能，并导致飞灰含碳量增加
空气分级燃烧（OFA）	最多降低30%	投资低	并不是对所有炉膛都适用，有可能引起炉内腐蚀和结渣，并降低燃烧效率
低 NO_x 燃烧器	与空气分级燃烧相结合时可降低60%	用于新的和改装的锅炉，中等投资，有运行经验	结构比常规燃烧器复杂
烟气再循环（FGR）	最多降低20%	能改善混合燃烧，中等投资	增加再循环风机，使用不广泛
燃料分级（再燃）	达到降低50%	适用于新的和改造现有锅炉，可减少已形成的 NO_x，中等投资	可能需要增加第二种燃料，可能导致飞灰含碳量增加，运行经验较少

资料来源：http://wenku.baidu.com/view/9bf53274a417866fb84a8edc.html。

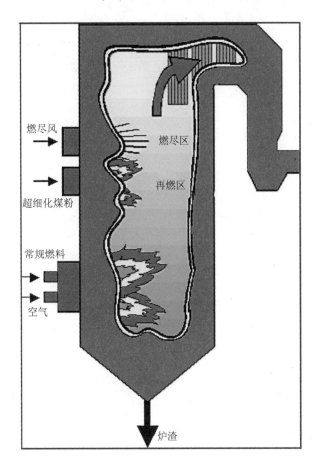

图片来源：http://www.netl.doe.gov/publications/proceedings/05/NO$_x$_SO$_2$/NO$_x$%20Presentations/chinese/Li_Zhenzhong%27s_Speech_of _ NPCC.pdf。

图 5-5　分级燃烧示意

　　我国目前已经将规模化工业的脱硝和脱硫措施放在同等重要的位置上，《国家环境保护"十二五"规划》明确要求"持续推进电力行业污染减排。新建燃煤机组要同步建设脱硫脱硝设施……加快燃煤机组低氮燃烧技术改造和烟气脱硝设施建设，单机容量 30 万 kW 以上（含）的燃煤机组要全部加装脱硝设施……新建烧结机应配套建设脱硫脱硝设施。加强水泥、石油石化、煤化工等行业 SO$_2$ 和 NO$_x$ 治理。石油石化、有色、建材等行业的工业窑炉要进行脱硫改造。新型干法水泥窑要进行低氮燃烧技术改造，新建水泥生产线要安装效率不低于 60% 的脱硝设施。因地制宜开展燃煤锅炉烟气治理，新建燃煤锅炉要安装脱硫脱硝设施，现有燃煤锅炉要实施烟气脱硫，东部地区的现有燃煤锅炉还应安装低氮燃烧装置"。

5.3.2　机动车 NO$_x$ 排放控制

　　机动车 NO$_x$ 的产生依然是由于在高温条件下（＞1 780K）空气中 N$_2$ 与 O$_2$ 反应的结果。目前对于汽油车的脱硝有较为成熟的技术，除了减少其生成的措施外，对尾气则是采取典型的三元催化技术，可以同时消除尾气中的 CO、HC 及 NO_x 的影响，其中的 CO、HC 充当还原剂，而 NO_x 则充当氧化剂，最终以 CO_2、N_2 和 H_2O 的形式排放。这种技术要求必须通过氧气传感器把三元催化净化器入口的空燃比控制在最佳范围内，否则，废气中的氧化还原反应不能将这三种废气除尽（图 5-6）。对于柴油车来说，主要是靠尾气净化措施来实现消除包括 NO_x 在内的污染物排放，而在汽油车应用效果极好的三元催化技术在柴油车却难以实施，所以人们在不断探索其他方面的实用技术，包括 SCR 和 SNCR，这两种技术的理论已经在前面作了介绍。

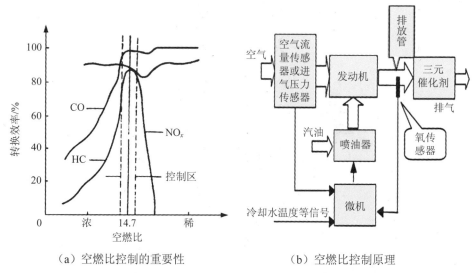

（a）空燃比控制的重要性　　　　　（b）空燃比控制原理

资料来源：http://www.motorchina.com/html/2008-07/325_3.html。

图 5-6　三元催化的空燃比控制

　　随着人民群众对空气质量要求的提高，我国对机动车排放控制越来越严，排放标准步步升级，这个过程中 NO_x 的排放限值越来越低。《国家环境保护"十二五"规划》要求开展机动车（船）NO_x 控制，"实施机动车环境保护标志管理。加速淘汰老旧汽车、机车、船舶，到 2015 年，基本淘汰 2005 年以前注册运营的'黄标车'。提高机动车环境准入要求，加强生产一致性检查，禁止不符合排放标准的车辆生产、销售和注册登记。鼓励使用新能源车。全面实施国家第四阶段机动车排放标准，在有条件的地区实施更严格的排放标准"。《"十二五"节能减排综合性工作方案》指出，"完善机动车燃油消耗量限值标准、低速汽车排放标准。制（修）订轻型汽车第五阶段排放标准，颁布实施第四、第五阶段车用燃油国家标准。建立满足氨氮、氮氧化物控制目标要求的排放标准。鼓励地方依法制定更加严格的节能环保地方标准"。随着国家和全社会的重视，严厉的机动车排放控制标准和措施可能比预期来得更快，使机动车的 NO_x 排放得到一定程度的遏制，但机动车数量的急剧增长也可能抵消脱氮技术带来的减排效果。

5.3.3　减少农牧业生产的活性氮排放

　　尽管通过 Haber-Bosch 技术提高了活性氮的生产，大幅度增加了粮食产量，提高了生物固氮量，但这种作用的效率却十分低下。比如 1995 年进入全球粮食生态系统的 1.7 亿 t 活性氮中，只有 12% 变成了人类的食物，剩下的大多数并没有像最初期待的那样被吸收，而是浪费掉了[39]。有不少办法可以用来提高活性氮的使用效率，以便减少对工业活性氮的需求，比如：

1）通过提高技术和加强管理，增加氮在农作物及畜牧业中的使用效率[40]（图 5-7）；

图片来源：http://www.0971ny.com/article/2009/200909/7156.html。

图 5-7　测土施肥是提高氮肥使用效率的重要手段

2）通过重复使用，增加活性氮在农业生态系统中的再循环[41]；

3）增加直接源于作物种植的生物固氮的使用率[42]；

4）采取激励措施，以减少过度施肥[43]；

5）从富氮生产地区转移到贫氮生产地区[44]。

显然，与 5.3.1 和 5.3.2 中介绍的工业电力及机动车脱硝相比，农牧业的活性氮控制似乎更抽象、更间接和更不易操作，这意味着这方面的影响会持续时间更长，相关的空气污染和气候变化效应依然是一个重要话题和重要课题。

结语

　　本章我们见识了氮的多面性，当以氮气形态存在时它具有惰性，但由于各种原因转变为活性氮后，则变得活力四射，特别是人类活动的加入，使其对于包括空气质量和气候变化等方面的影响更加引人瞩目。比如，活性氮进入生态系统可以激发植物光合作用对 CO_2 的吸收，但由于多种因素的不确定性，使对最终的碳封存的作用可能是正面的，也可能是负面的，但是 NO_x 作为 O_3 前体物是确定无疑的，O_3 既是污染物又是温室气体，而增加的 N_2O 也是重要的温室气体，NO_x 被氧化后，既可作酸雨之源，又可作二次颗粒物之源。看来，人们对待氮问题需要大科学和大智慧，一不小心就会顾此失彼。

参考文献

[1] Miller C. In：Biological oceanography[M]. 350 Main Street，Malden，MA 02148 USA：Blackwell Publishing Ltd.，2008：60-62.

[2] Boyes E，Susan M. Learning Unit：Nitrogen Cycle Marine Environment. Retrieved 22 October 2011.

[3] Schuur E. A. G. Ecology：Nitrogen from the deep[J]. Nature，2011，477：39-40.

[4] Morford S L，Houlton B Z，Dahlgren R. A. Increased forest ecosystem carbon and nitrogen storage from nitrogen rich bedrock[J]. Nature，2011，477：78-81.

[5] Postgate J. Nitrogen fixation，3rd edition[M]. Cambridge UK：Cambridge University Press，1998.

[6] Vitousek P M，Chair，Aber J，et al. US Enivrontmental Protection Agency：Human alteration of the global nitrogen cycle：causes and consequences. http://wwwepagov/watertrain/nitroabstrhtml Viewed，2012/06/03.

[7] Vitousek P M，Aber J D，Howarth R W，et al. Human alteration of the global nitrogen cycle: sources and consequences[J]. Ecological Applications，1997，7：737-750.

[8] Galloway J N，Aber J D，Erisman J. W.，et al. The nitrogen cascade[J]. BioScience，2003，53（4）：341-356.

[9] Vitousek P M，Aber J，Howarth R W，et al. Human Alteration of the Global Nitrogen Cycle：Causes and Consequences[J]. Issues in Ecology，1997，1：1-17.

[10] Holland E A，Dentener F J，Braswell B. H.，et al. Contemporary and pre-industrial global reactive nitrogen budgets[J]. Biogeochemistry，1999，46，7，doi：10.1007/BF01007572.

[11] Chapin S F I，Matson P A，Mooney H A. Principles of Terrestrial Ecosystem Ecology[M]. New York：Springer，2002.

[12] Ye X，Ma Z，Zhang J，et al. Important role of ammonia on haze formation in Shanghai[J]. Environmental Research Letters，2011，6，doi：10.1088/1748-9326/6/2/024019.

[13] Pope C A I，Thun M J，Namboodiri M M，et al. Particulate air pollution as a predictor of mortality in a prospective study of U.S.adults[J]. American Journal of Respiratory Critical Care Medicine，1995，151：669-674.

[14] Follett J R，Follett R F. Utilization and metabolism of nitrogen by humans. In：Nitrogen in the environment：sources，problems and management，（Follett R，Hatfield J L，eds）. Amsterdam（Netherlands）：Elsewhere Science，2001.

[15] Wolfe A，Patz J A. Nitrogen and human health：Direct and indirect impacts[J]. Ambio，2002，31：120-125.

[16] Penner J，Hegg D，Leaitch R. Unraveling the role of aerosols in climate change[J]. Environmental Science and Technology，2001，35：332A-334A.

[17] Seinfeld J H，Pandis S N. Atmospheric chemistry and physics：From air pollution to climate change[M]. New York：John Wiley & Sons，1998.

[18] Howarth R，Anderson D，Cloern J，et al. Nutrient pollution ofcoastal rivers，bays，and seas[J]. Issues in Ecology，2000，7：1-15.

[19] National Research Council. Understanding Marine Biodiversity[M]. Washington DC：National Academy

Press，1996.

[20] Rabalais N. Nitrogen in aquatic ecosystems[J]. Ambio，2002，31：102-112.

[21] IPCC. Climate Change 2001：The Scientific Basis[M]. UK：Cambridge University Press，2001.

[22] IPCC. Climate change 2007：The physical science basis[M]. Contribution of working group I to the fourth assessment report of the Intergovernmental Panel on Climate Change.（Solomon S，D Qin M，Manning Z，ed）. United Kingdom and New York，NY，USA：Cambridge：Cambridge University Press，2007.

[23] Adams M，Amann M，Andersson C，et al. 2009. Air pollution and climate Change：two sides of the same coin？（Pleijel H，ed）.

[24] Magnani F，Mencuccini M，Borghetti M，et al. The human footprint in the carbon cycle of temperate and boreal forests[J]. Nature，2007，447：848-850.

[25] Schrijver A D，Verheyen K，Mertens J，et al. Nitrogen saturation and net ecosystem production[J]. Arising from：F Magnani，et al. Nature，447：848-850（2007）. Nature，2008，451，doi：10.1038/nature06578.

[26] Vries W D，Solderg S，Dobbertin M，et al. Ecologically implausible carbon response[J]. Arising from：F Magnani et al. Nature，447：848-850（2007）. Nature，2008，451，doi：10.1038/nature06579.

[27] Nadelhoffer K J，Emmett B A，Gundersen P，et al. Nitrogen deposition makes a minor contribution to carbon sequestration in temperate forests[J]. Nature，1999，398：145-148.

[28] Janssens I A，Luyssaert S. Carbon cycle：Nitrogen's carbon bonus[J]. Nature Geoscience，2009，2：318-319.

[29] Jarvis P G，Linder S. Botany：Constraints to growth of boreal forests[J]. Nature，2000，405：904-905.

[30] Matson P，Lohse K A，Hall S J. The globalization of nitrogen deposition：consequences for terrestrial ecosystems[J]. Ambio，2002，31（2）：113-119.

[31] Aber J D，Nadelhoffer K J，Steudler P，et al. Nitrogen saturation in northern forest ecosystem：hypothesis and implication[J]. BioScience，1989，39：378-386.

[32] 肖辉林，卓慕宁，万洪富. 大气 N 沉降的不断增加对森林生态系统的影响[J]. 应用生态学报，1996，7（增）：110-116.

[33] 方华，莫江明. 活性氮增加：一个威胁环境的问题[J]. 生态环境，2006，15（1）：164-168.

[34] Fog K. The effect of added nitrogen on the rate of decomposition of organic matter[J]. Biological Reviews，2008，63（3）：433-462.

[35] Berg B，Matzner E. Effect of N deposition on decomposition of plant litter and soil organic matter in forest systems[J]. Environmental Reviews，1997，5（1）：1-25.

[36] Oren R，Ellsworth D S，Johnsen K. H.，et al. Soil fertility limits carbon sequestration by forest ecosystems in a CO_2-enriched atmosphere[J]. Nature，2001，411：469-472.

[37] 张楚莹，王书肖，邢佳，等. 中国能源相关的氮氧化物排放现状与发展趋势分析[J]. 环境科学学报，2008，28（12）：2470-2479.

[38] 李连山. 大气污染治理技术[M]. 武汉：武汉理工大学出版社，2009.

[39] Smil V. Nitrogen in crop production：An account ofglobal flows[J]. Global Biogeochemical Cycles，1999，13：67-662.

[40] Cassman K G，Dobermann A D，Walters D. Agroecosystems，nitrogen use efficiency，and nitrogen

management[J]. Ambio，2002，31：132-140.

[41] Smil V. Nitrogen and food production：Proteins for human diets[J]. Ambio，2002，31：126-131.

[42] Roy R N，Misra R V，Montanez A. Decreasing reliance on mineral nitrogen，yet more food[J]. Ambio，2002，31：177-183.

[43] Howarth R W，Sharpley A W，Walker D. Sources of nutrient pollution to coastal waters in the United States：Implications for achieving coastal water quality goals[J]. Estuaries，2002，25：656-676.

[44] Erisman J W，de Vries W，Kros H，et al. An outlook for a national integrated nitrogen policy[J]. Environmental Science and Policy，2001，4：87-95.

第6章

臭氧：高天为佛，立地成魔

导语

> 从 20 世纪 90 年代起，"臭氧"这个名词就和人类活动密切联系起来，从臭氧层空洞到近地面的臭氧污染，无一不吸引着大众的眼球。臭氧看似只是大气中的一种浓度为痕量级的气体，为什么也分好坏？为什么在不同的高度臭氧表现出截然不同的作用？我们将在本章中试图解答这些疑问。

空气中的氧，从其存在形式分为三种不同的形态，也就是氧的三种同素异形体：单原子氧、双原子氧（氧气，O_2）和三原子氧（臭氧，O_3）。臭氧是氧元素的同素异形体之一，由 3 个氧原子构成，而地面和下层大气中的氧，几乎全部是由两个氧原子构成的。

6.1　平流层臭氧——高空的佛

6.1.1　生成及损耗原理

谈到臭氧就无法回避臭氧层，也就是平流层的臭氧。自然界中的臭氧，大多分布在距地面 20～50 km 的大气中，称为臭氧层。臭氧层中的臭氧主要来源于紫外线的作用，当大气中（含有 21%）的氧气分子受到短波紫外线照射时，氧分子会分解成原子状态。由于氧原子不稳定，极易与其他物质发生反应，如与 H_2 反应生成 H_2O，与 C 反应生成 CO_2，同样，与 O_2 反应时，便形成了臭氧 O_3。O_3 形成后，由于其比重大于 O_2，会逐渐向底层降落。在降落过程中随着温度的上升，O_3 不稳定性越加明显，再加上受到长波紫外线的照射，重新还原为氧。由于 O_3 和 O_2 之间的动态平衡，在大气的一定高度（20～25 km）就形成了一个较为稳定的臭氧层。这一大气层的 O_3 含量特别高，含量接近 0.01 mg/mL，约占高空大气层中 90%的臭氧量，而整个大气中平均 O_3 含量大约仅为 0.000 3 mg/mL。

由于平流层 O_3 不仅保护了地球生物圈，也改变了平流层热力和动力结构，直接影响地球系统及气候变化，因此臭氧研究一直是平流层研究的热点。20 世纪 70 年代以来，不少研究分别从均相和非均相 ClO_x、HO_x、NO_x 化学以及动力学过程解释了平流层 O_3 耗损机制。而由于复杂的耦合关系，动力和光化学过程在 O_3 损耗中的具体贡献历来都有争论。

施春华等对平流层 O_3 研究进行了细致的综述：早期研究平流层大气成分动力输送和光化学过程相对重要性时，通过比较它们的时间常数 τ_{dyn} 和 τ_{chem} 来考虑。但实际平流层过程比较复杂，仅动力作用就包含了剩余环流、涡动和扩散等多种因素，这就使得 τ_{dyn} 很难确定。光化学过程更是包含了多种成分的大量耦合反应，τ_{chem} 也不像单一反应那么容易确定，因此很难通过比较时间常数来研究动力输送和光化学作用的相对重要性。在后期的研究中，更为复杂的耦合化学气候模式得到了快速发展，被越来越多地使用到 O_3 变化的研究中来。Pierce 等[1]认为在高纬地区，中下平流层光化学作用和动力输送共同起作用，但作用趋势相反，光化学损耗的作用量更强。Cordero 和 Kawa[2]认为北半球 70°N 以北夏季的高纬度平流层下层 O_3 变化中光化学作用占支配地位，而中低纬度剩余环流和涡流输送作用很强。Moxim 和 Levy[3]曾对热带大西洋上 O_3 变化中动力和化学的作用进行比较，认为作用相当。Wennberg 等[4]认为平流层 O_3 破坏中氢的作用可能更强。Bregman 等[5]认为有些模式对小尺度动力输送（对流活动）的低估和对 O_3 化学过程参数化方案的不完善，导致下平流层夏季 O_3 的观测和模拟结果吻合不好。Chen[6,7]等、郑彬等[8]以及郑彬和施春华[9]详细讨论过热带平流层准两年周期振荡（QBO）引起的剩余环流变化对中低纬度平流层 O_3、CH_4 和 NO_x 等微量成分的分布和输送有重要影响。施春华等[10]全面分析了热带平流层水汽 QBO 形成过程中的动力、热力和化学作用各自的角色。

大气化学方面，1974 年 6 月 Molina 和 Rowland[11]在《自然》杂志上发表了一篇有关 CFCs 与 O_3 之间关系的文章。同年 9 月，他们又在美国化学学会大西洋城会议和一次记者招待会上作了详细的发言，这两篇发言引起广泛的关注。他们用计算说明化学惰性的 CFCs 能逐渐被输送到平流层，在那里 CFCs 受到强烈的紫外光照射，分解为氯原子自由基。CFCs 还能与 O_3 的光解产物 O（1D）反应，释放氯自由基。氯自由基引起 O_3 耗损的反应是以链反应方式进行的。根据平流层中各有关物质的浓度，以及链反应终止的条件，可以估算出：在平流层中，一个氯原子可以与 10^5 个 O_3 分子发生链反应。因此，即使进入平流层的 CFCs 量极微，也能导致臭氧层的破坏。Molina 及其同事着重阐述了 ClO 二聚物在氯原子催化循环反应中的作用，这一研究奠定了氯自由基链式反应的基础。Rowland 及其合作者还指出，除了南极，在其他所有纬度地区的上空都可能出现 O_3 耗损。

人工合成的一些含氯和含溴的物质，最典型的是氟氯碳化合物（CFCs，俗称氟利昂）和含溴化合物哈龙（Halons），就重量而言，人为释放的 CFCs 和 Halons 的分子都比空气分子重，但这些化合物在对流层是化学惰性的，即使最活泼的大气组分——自由基对 CFCs 和 Halons 的氧化作用也微乎其微，完全可以忽略。因此，它们在对流层十分稳定，不能通过一般的大气化学反应去除。经过一两年的时间，这些化合物会在全球范围内的对流层均匀分布。对流层顶的高度各地并不相同，会因季节和纬度而异，以在赤道附近最高，约达 18 km，在高纬度的两极，则只有 8 km，夏季比冬季时略高。副热带地区会产生不连续的现象，形成对流层顶缺口，在这个缺口处，上下层空气混合非常强烈，CFCs 等物质便因此进入平流层，风又将它们从低纬度地区向高纬度地区输送，在平流层内混合均匀。

在平流层内，强烈的紫外线照射使 CFCs 和 Halons 分子发生解离，释放出高活性的原子态的氯和溴自由基，它们就是破坏臭氧层的主要物质，其对 O_3 的破坏是以催化的方式进行的：

$$Cl+O_3 \longrightarrow ClO+O_2$$
$$ClO+O \longrightarrow Cl+O_2$$

溴原子自由基也是以同样的过程破坏 O_3。

据估算，一个氯原子自由基可以破坏 $10^4 \sim 10^5$ 个 O_3 分子，而由 Halons 释放的溴原子自由基对 O_3 的破坏能力是氯原子的 $30 \sim 60$ 倍。而且，氯原子自由基和溴原子自由基之间还存在协同作用，即二者同时存在时，破坏 O_3 的能力要大于二者简单的作用之和。

从高度上来说，对流层顶上部到距地面约 55 km（中间层下部）的大气层称为平流层，平流层中垂直混合非常微弱，具有很明显的水平分层结构。平流层的结构是由平流层中动力、热力和化学结构组成，平流层结构的变化是由发生在其中的动力、辐射与化学过程的相互作用所决定的。在 20 世纪 70 年代以前，由于探测上的困难，人们对平流层的认识和了解是比较薄弱的。随着卫星、雷达、火箭、高空气球等探测技术的应用和改善，以及大气动力学、大气化学数值模拟技术的发展，有关平流层大气的动力过程、化学过程和辐射过程的研究都获得了明显进展。平流层化学过程在气候和环境系统中的重要性可从多方面来反映，大气中约 90% 的 O_3 都集中在平流层，而 O_3 对太阳紫外辐射的吸收是平流层大气运动的热源。平流层 O_3 的含量及其变化不但影响平流层的热量平衡，也会影响到对流层温度场结构；而平流层 O_3 的含量及变化依赖于平流层大气的化学过程；平流层中的微量成分不仅可以和 O_3 发生光化学反应，影响 O_3 的变化，而且有些微量成分本身就是温室气体，对平流层辐射过程有重要影响。

因此，对 O_3 及其相关的微量成分的分布和变化的研究就显得非常重要。目前，各种动力过程对平流层微量气体分布和输送的影响及机理的共识相对多些，而平流层光化学及辐射过程，尽管在理想条件下的纯理论研究有了较大的发展，但由于实际过程中有复杂的多重耦合，实验的结果和纯理论往往差异较大，不同实验之间的差异也很大，甚至矛盾。所以，通过对资料的分析研究平流层微量气体的分布和变化特征，并以数值模式模拟化学、动力和辐射等过程对平流层 O_3 及其他微量气体的分布和变化的影响也是平流层大气研究的前沿课题。同时，由于对平流层微量气体的改变引起的大气结构变化及对平流层大气化学的影响还不是很了解，因此，需要进一步深入研究。而且平流层大气各层之间能量、质量和动量的相互交换以及与对流层和平流层以上气层之间的交换也是研究的重点。

6.1.2 臭氧层破坏对地球生物圈的影响

太阳光中存在对生物生存有害的紫外线，按生物效应的不同，可将太阳光中的紫外线分为三类：弱效应波长（UV-A，$320 \sim 400$ nm），对生物影响不大；强效应波长（UV-B，$280 \sim 320$ nm），对生物有杀伤作用；超强效应波长（UV-C，$200 \sim 280$ nm），属灭生性辐射。通常情况下，大气平流层中的 O_3 几乎吸收了全部的 UV-C 和 90% 左右的 UV-B，因此是地球的"保护伞"，而臭氧层的破坏会对生活在地球上的生物产生严重的影响。近二三十年来，很多研究表明臭氧层在遭到破坏，而臭氧层的破坏对大气环境及人类和其他生物有非常重要的影响。研究证明，臭氧层的破坏将改变太阳光的透射率和地球向上的红外辐射，从而改变大气特别是平流层大气的温度结构，进而影响整个大气环流，而到达地表的太阳紫外辐射的增加会给地球生物圈带来灾难。因此，围绕臭氧层的研究是平流层大气研究的中心课题。影响 O_3 变化的主要因素有动力输送作用和平流层微量成分间的光化学反应作用，特别是光化学作用，它是平流层上层的主要作用。

臭氧层的破坏是人类当今所面临的重要环境问题之一，多数科学家认为，人类过度使用 CFCs 类物质是臭氧层破坏的主要原因之一。臭氧层变薄意味着到达地表的太阳紫外线增强，较强的紫外线辐射会伤害人的皮肤、眼睛，损坏人的免疫系统，还会对粮食作物、陆生生物及水生生物造成危害。因此，了解臭氧层破坏的原因，及其对人类及生物的危害，有助于增强人们的环境意识，避免人类遭受臭氧层破坏所带来的灾难。

对人类皮肤的影响

临床诊断表明，夏天接受过量的太阳光照射易造成皮肤病。动物试验和临床病例研究表明，过量 UV-B 紫外线照射易引发人体皮肤癌。紫外线辐射最主要的影响是在太阳照射下对皮肤的灼伤。对大多数人来讲，接受 2 天的曝晒，皮肤会变成褐色，这是由于紫外线辐射容易使皮肤产生黑色素并沉着于皮肤色素细胞而形成的。接受紫外线辐射一定时间后会破坏皮肤组织的连接，导致皮肤增厚，出现皱纹，皮肤弹性减少。紫外线辐射增加了患皮肤癌的概率。

对人类眼睛的影响

白内障是人眼中晶状体的不透明物。据 WHO 1985 年估计，白内障造成全球 1 700 万人失明（约占总失明人数的 50%）。过量的紫外线辐射被认为是白内障增加的主要原因。大量动物试验表明，UV-B 紫外线辐射能损害眼角膜和晶状体，导致眼睛混浊。当部分紫外线辐射抵达眼睛的后部，会使视网膜细胞缓慢恶化，尤其是近视者。研究表明，紫外线的增加对人类白内障有一定影响，当臭氧减少 1.0% 时，白内障患病率增加约 0.5%。强紫外线辐射同样可以引发角膜炎（如雪盲），这类影响的征兆包括眼睛变红、对光线的易敏感、爱流泪、感觉严重有异物和疼痛。眼外伤在 3～12 小时曝晒后显现。由于眼睛细胞的快速再生能力，症状在几天后消失。长时间的紫外线辐射会导致角膜永久性损伤。

对人的免疫系统的影响

皮肤是一个重要的免疫器官，免疫系统的某些成分存在于皮肤中，皮肤暴露于紫外线辐射下能扰乱免疫系统，导致一些疾病。研究发现，UV-B 诱发皮肤免疫抑制，不仅含色素少的人会发生，含色素多的人亦可发生。由于免疫抑制，单纯疱疹、利什曼病、结核及念珠菌病等疾病将会增加或者症状恶化。

对农作物的影响

紫外线辐射的增强将导致农作物（如小麦、水稻等）减产，减少地球的食物链，并会导致粮食质量降低。相关试验表明，当 O_3 减少 25% 时，大豆产量会减少 20%～25%，大豆中的蛋白质和植物油的含量则分别下降 2% 和 5%。据美国预测，如对 CFC 的消耗量不加以限制，到 2075 年农作物将减产 7.5%。

对陆生生物的影响

近年来，研究者对植物受环境 UV 辐射的影响进行了大量研究，结果发现，在光合作用和呼吸作用过程中，UV 辐射能降低大多数 C_3 植物的净光合速率，而 C_4 植物对 UV 不太敏感。UV 造成光合速率下降的原因是由于气孔阻力的增大或气孔的关闭所致。同时还发现，UV 可以通过破坏光系统 II（PSII）反应中心，抑制 PSII 联系的电子传递，使环式磷酸化解偶联作用等直接伤害来影响植物的光合能力。在水分生理方面，UV 使气孔关闭，而导致大豆、黄瓜、向日葵叶片蒸腾速率的下降。

对水生生物的影响

UV-B 的增加，对水生生物存在很大的危险。美国海洋学家韦勒指出，"南极大陆上空臭氧层的日益变薄已使紫外线穿过臭氧层直接进入海洋的深度比过去推测的要深得多，使构成海洋食物链基础的单细胞生物生产量大幅减少，并给浮游生物造成严重的遗传损害"。紫外线辐射对鱼、虾、蟹、两栖类动物的早期发育都有危害作用，最严重的是导致其繁殖力下降和幼体发育不全。紫外线能穿透 10～20 m 深的海水，可杀死 10 m 水深的单细胞海洋浮游生物和微生物，从而危及水体生物的食物链和自由氧的来源，影响生态平衡和水体的自净能力。试验表明，如果臭氧减少 10%，则紫外线辐射增加 20%，这将会在 15 天内杀死所有生活在 10 m 深的鳗鱼幼鱼。研究人员已发现，南极洲浮游植物繁殖速度下降了 12%，与臭氧空洞有直接关系。美国能源与环境研究所的报告表明，臭氧层厚度减少 25%，将导致水面附近的初级生物产量降低 35%，光亮带（生产力最高的海洋带）的初级生物产量减少 10%。这些研究结果表明，臭氧层的破坏已影响到海洋生物食物链的根基。

6.2 对流层臭氧——地面的魔

6.2.1 生成原理

对流层 O_3 及其光化学派生物的 OH 自由基是影响大气氧化能力的主导组分，正是其氧化作用使大气中的 CO、碳水化合物、大多数的硫化物和化学性质活跃的氮化物在大气中不至于积累。同时，对流层 O_3 又是城市光化学烟雾的主要成分之一，其形成和变化是环境科学尤其是大气环境科学研究的一个重要前沿课题。

人类活动排放的 NO_x、NMHC 和 CO 等污染物经光化学反应过程可促进低层大气产生二次污染物 O_3，并可进一步引发城市光化学烟雾污染（图 6-1）。随着工业发展和人类活动的逐渐增强，低层大气中的 NO_x、NMHC 和 CO 等 O_3 前体物的排放量呈逐年增加趋势，对流层 O_3 对人类环境的影响也日益显现。

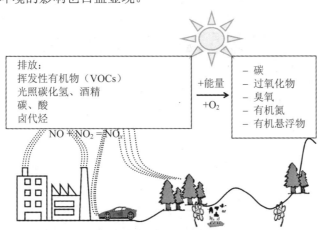

资料来源：Blake D R，*VOCs study in PRD region*。

图 6-1 对流层臭氧生成过程示意

在 20 世纪中叶，有足够的证据警示人类自身的生产活动已经或正在改变地球大气的化学构成，并出现了由于包括碳水化合物、NO_x 在内的污染物经过光化学反应而造成的光化学烟雾污染。O_3 作为光化学烟雾中最主要的污染物之一，在世界许多国家引起了相当大的关注。美国首先将治理和削减地面大气 O_3 作为一项国家目标，其他国家也逐步认识到 O_3 作为光化学烟雾污染物的严重危害性，并将控制 O_3 污染提上日程。

O_3 污染的一个比较复杂的方面是 O_3 前体物的来源可能是由局地的排放源贡献，同时受到附近地区的污染物传输作用的影响，因此，先前的研究提出，掌握 O_3 的形成及污染机制和有效地采取控制手段，需要了解以下几方面的内容：①对流层 O_3 污染是一个多重空间、时间积累的过程；②生物源的排放对 O_3 及其相关前体物的影响；③在给定前体物浓度的情况下如何准确有效地预测未来大气中的 O_3 浓度。

20 世纪 50 年代初，Haagen-Smit 提出对流层 O_3 和光化学烟雾中的大部分污染成分都是由汽车尾气中的 NO_x 及碳水化合物（NMHCs）经过光化学反应生成的。图 6-2 给出了城市 O_3 及其相关大气化学成分的一般变化规律，O_3 前体物（NO_x，NMHCs）浓度在早晨的交通繁忙时期开始上升，而 O_3 的最高浓度出现在午后。同时，这些污染物也会被传输到城市下风方向的乡村地区，并可能影响到较为偏远的地区。

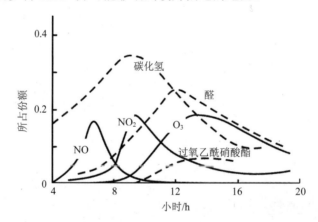

资料来源：Blake D R，*VOCs study in PRD region*。

图 6-2　城市 O_3 及其相关大气化学成分的一般变化规律

对流层 O_3 的生成过程涉及十分复杂的化学反应，但是科学家们最早和最主要认识到的是以 NO_x 为 O_3 前体物的光化学反应。绝大部分的 NO_x 是以 NO 的形式排放的，而 70%～90%的 NO_x 是由人为源排放[12-14]。NO 在大气中极易被 O_3 氧化为 NO_2，而 NO_2 又可以吸收紫外光后进行光化学反应而生成 O_3。

$$NO + O_3 \longrightarrow NO_2 + O_2$$
$$NO_2 + h\upsilon \longrightarrow NO + O\,(^3p)$$
$$O + O_2 + M \longrightarrow O_3 + M \quad (\lambda \leqslant 420\,nm)$$

NO 同时还可以和 O_3 之外的其他物质进行反应，其中最主要的是下面所讲的与 HO_2 自由基的反应，其他有机过氧自由基也是和 NO 反应的重要物质之一。因此，这些与 O_3 竞争的反应使 NO 氧化为 NO_2 而并没有消耗 O_3，NO 和 NO_2 更多的时候作为光化学循环中的催化剂，而 O_3 的生成量取决于 NO_2/NO 的比值。所以，通常生成的 O_3 往往高于大气中本身含有的 NO_x 的数量。

大气中除 NO_x 外，其他物种如碳水化合物、CO、CH_4 等也是 O_3 生成的重要前体物：

1）可以影响光化学反应的碳水化合物有几百种，它们的光化学反应也极为复杂。但是，经过 Carter 等的研究发现[15-17]，在城市地区生成 O_3 的一系列主要碳水化合物反应具有共同的特点。反应关系式中的碳水化合物简化为 RH，此外，酰基化合物（如醛、酮）简化为 R′CHO，其中 R′代表碳原子数少于 R 的碳链。

$$OH + RH \longrightarrow R + H_2O$$
$$R + O_2 + M \longrightarrow RO_2 + M$$
$$RO_2 + NO \longrightarrow RO + NO_2$$
$$RO + O_2 \longrightarrow HO_2 + CO_2$$
$$HO_2 + NO \longrightarrow OH + NO_2$$
$$2NO_2 + h\upsilon \longrightarrow 2NO + 2O$$
$$2O + 2O_2 + M \longrightarrow 2O_3 + M$$

总方程式：$RH + 4O_2 + h\upsilon \longrightarrow R′CHO + H_2O + 2O_3$

酰基化合物还可以通过进一步的光化学反应，生成其他的碳氢化合物和自由基，同时生成更多的 O_3。一般来讲，NMHCs 和 NO_x 是 O_3 主要的前体物，但是在上面的反应中，主要消耗的是 NMHCs。在大气中 NO_x 会通过反应转化为硝酸或硝酸盐而损耗，并最终以干湿沉降的形式从大气中除去。

2）在自由对流层和较为偏远的（海洋的）大气边界层中，NMHCs 的含量相对稀少。而在这些地区控制 O_3 生成的前体物主要是 CO 和 CH_4。下面给出 CO 和 CH_4 的反应机理，与 NMHCs 相似：

$$OH + CO \longrightarrow CO_2 + H$$
$$H + O_2 + M \longrightarrow HO_2 + M$$
$$HO_2 + NO \longrightarrow OH + NO_2$$
$$NO_2 + h\upsilon \longrightarrow NO + O$$
$$O + O_2 + M \longrightarrow O_3 + M$$

总方程式：$CO + 2O_2 + h\upsilon \longrightarrow CO_2 + O_3$

$$OH + CH_4 \longrightarrow CH_3 + H$$
$$CH_3 + O_2 + M \longrightarrow CH_3O_2 + M$$
$$CH_3O_2 + NO \longrightarrow CH_3O + NO_2$$
$$CH_3O + O_2 \longrightarrow HO_2 + CH_2O$$
$$HO_2 + NO \longrightarrow OH + NO_2$$
$$2NO_2 + h\upsilon \longrightarrow 2NO + 2O$$
$$2O + 2O_2 + M \longrightarrow 2O_3 + M$$

总方程式：$CH_4 + 4O_2 + h\upsilon \longrightarrow CH_2O + H_2O + 2O_3$

如前所述，在工业发达国家的城市和乡村地区可能受到较重的 O_3 污染，但是研究发现自然源排放的 NMHCs 对 O_3 也有重要的贡献[18,19]，许多学者也针对 O_3 前体物的排放源进行了不懈的研究和调查。在 O_3 控制机制中最关键的问题是了解 O_3 浓度和其前体物的关系。McKeen 等[20]通过对美国东南部大气 O_3 的研究发现，降低人为碳水化合物排放量的 50%仅会降低几个百分点的 O_3 浓度，说明除人为源排放外，自然界排放碳水化合物也会对 O_3 的生成产生重要作用，无论植物或者动物体都会排放相当量的碳水化合物与 OH 自由基进行反应，进而生成 O_3。Trainer 等[18]和 Chameides 等[19]均指出，在城市和乡村的 O_3 生成中，自然源排放的碳水化合物都起到了极为重要的作用。

6.2.2 对流层臭氧的影响

O_3 对人体健康的危害主要是强烈刺激呼吸道，造成肺功能改变，引起气道反应和气道炎症增加、哮喘加重等，一般认为老人与儿童对 O_3 更为敏感。很多植物对 O_3 比较敏感，在 $60\mu g/m^3$ 浓度下暴露 8 小时，或在 $200\mu g/m^3$ 浓度下暴露 1 小时，植物叶面可出现点彩状和青铜色伤斑。O_3 对建筑材料、衣物及其他物质材料等有损坏作用，如加速橡胶和塑料老化，使纺织品褪色等。WHO 依据近年的研究结果，提出 8 小时平均浓度指导值为 $100\mu g/m^3$，过渡期第 1 阶段目标值为 $160\mu g/m^3$。

国际上保护人体健康的 O_3 环境空气质量基准研究最早是从 1 小时浓度值开始的。20 世纪研究发现，1～3 小时短期急性暴露于较高浓度水平 O_3 会引起健康效应，为此发达国家制定了 1 小时标准，通过加强控制，O_3 浓度水平降低至 1 小时平均浓度限值以下。但研究又发现，在低浓度水平下暴露 6～8 小时仍然会引起健康效应，而且与 1 小时暴露相比，较低浓度水平 8 小时暴露与健康影响的相关性更直接。因而 20 世纪 90 年代后期国际上的 O_3 环境空气质量基准逐渐发展为 8 小时浓度值。

图 6-3 是部分国家、地区和组织的 O_3 环境空气质量浓度限值。我国现行一级标准 1 小时平均浓度限值为 $160\mu g/m^3$，是加拿大的 1.6 倍，日本的 1.3 倍，澳大利亚和韩国的 0.8 倍，在国际上处于中间水平。我国现行二级标准 1 小时平均浓度限值为 $200\mu g/m^3$，是加拿大的 2 倍，日本的 1.6 倍，与澳大利亚和韩国相同。

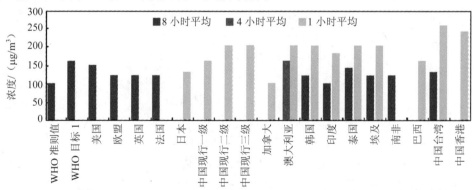

图 6-3 O_3 的环境空气质量标准比较

除了对人体健康有较大威胁外，O_3 还是对流层大气中非常重要的氧化剂之一，其直接或间接地参加了几乎所有的大气光化学过程，如与 NO_x 的反应、与大气挥发性有机物的反应、与致酸性气体的反应、与颗粒物表面物质的反应、与云雾滴表面物质的反应等。可以说，O_3 参与了多个过程、多种介质、多个界面、多种物质的反应，因此，其影响也是巨大的。如 O_3 可以促进 SO_2 的氧化过程，从而间接地催生酸雨污染；O_3 的存在可以促进细微颗粒物的生成及长大，直接或间接地生成颗粒物组分，造成气溶胶颗粒物污染；O_3 可以在液相及固相表面与多种物质反应，从而促进了物质间的化学转化，等等。

6.3 对流层臭氧前体物简介

绝大多数的对流层 O_3 是二次生成的（不排除有平流层 O_3 向对流层输送的贡献），因此，控制对流层 O_3 的关键在于明确其前体物的来源和各前体物的贡献，并加以控制。本节将重点介绍对流层 O_3 的前体物。

6.3.1 氮氧化物

广义的氮氧化物是氮的氧化物的总称，包括 N_2O、NO、NO_2、N_2O_3、N_2O_4 以及 N_2O_5 等。通常所指的氮氧化物主要是 NO 与 NO_2 的混合物，写为 NO_x。大气中 NO_x 的排放绝大部分是以 NO 的形式，主要是在高温燃烧的过程中由大气中的氮和化石燃料中的氮氧化而产生的，其中最主要的人为源是汽车尾气，所以城市地区的 NO_x 浓度一般比较高，而电厂和工业生产过程（尤其是水泥和硝酸的生成工艺）也是 NO_x 重要的人为源（图 6-4）；NO_x 天然源排放主要包括由微生物作用的硝酸盐分解、大气闪电过程和生物质自然燃烧等。NO_x 是非常重要的大气污染物，对环境和健康有非常重要的影响。首先，其中的 NO_2 为红棕色的气体，不仅对能见度有一定的影响，其本身也是一种有毒的刺激性气体，可引起呼吸道疾病；其次，NO_x 可被转换成硝酸而造成酸雨或酸沉降；另外更为重要的是，NO_x 是对流层大气 O_3 的重要前体物，在强太阳辐射条件下，NO_x 可通过光化学反应产生高浓度 O_3，甚至形成光化学烟雾。大气中 NO_x 的寿命主要取决于 NO_x 的沉降和化学转化以及颗粒物硝酸盐的非均相去除，也取决于 OH 自由基的浓度以及 NO_x 和 NMHCs 的比值，其夏季寿命相对较短，约为 0.5 天，而冬季为 1～2 天（罗超等，1993）。NO_x 的转化产物较多，大部分具有一定的反应活性，在大气化学研究中尤其是观

图片来源：http://bidqgyyqjs.d180.webidcc.cn/E_ReadNews.asp?NewsID=298

http://www.tyncar.com/news/hy/20140326_8248.html

图 6-4　燃煤电厂和机动车是大气中 NO_x 的主要来源

测试验中常常把 NO_x 及其转化产物的总和定义为反应性奇氮化合物，记为 NO_y，也就是 $NO_y=NO_x+HNO_2+HNO_3+HO_2NO_2+NO_3+2N_2O_5+PAN+$颗粒物硝酸盐$+\cdots$。$NO_y$ 在对流层 O_3 光化学反应中起着至关重要的作用，它对 HO_x 自由基（= OH + 过氧化性成分）的浓度有重要的影响。

6.3.2 NMHCs

人类及生物活动每年向大气中排放大量的 VOCs，主要包括 CH_4、非甲烷烃（Nonmethane Hydrocarbons，NMHC，包括烷烃、烯烃、炔烃及芳香烃等）以及卤代烃等，其中 CH_4 在大气中的含量最高。挥发性碳氢化合物主要来自陆地生态系统的自然源排放，如地壳、植物的排放（主要是异戊二烯和单萜烯等）以及生物质燃烧过程等，但人类活动也是其中一个重要的源，主要有石油和天然气开采和使用过程中的泄漏与排放、汽车尾气、石化工厂的排放以及化学溶剂的挥发等（图 6-5）。实际大气中的 VOCs 种类很多，有数百种，不同物种的主要源排放特征不同，其化学性质也有很大的差异，有些比较活泼，有些则比较稳定，因此这些成分的寿命也不同，量级变化范围也很大。正因为这些特征，很多研究利用 VOCs 的化学成分来进行大气源解析。

大气中的 VOCs 浓度虽然很低，但却是非常重要的空气污染物。研究表明，城市里的某些 VOCs 成分是重要的致癌物质[21]；同时，通过复杂的光化学反应，VOCs 成分也可以产生许多毒性氧化物，如 O_3、过乙酰硝酸酯（PAN）等[22-24]。

图片来源：叶代启，《中国挥发性有机物（VOCs）排放特征与排放清单研究》。

图 6-5　石化生产、储存、运输等环节是大气中 VOCs 的主要来源

6.3.3 CO 和 CH$_4$

一氧化碳（CO）是一种无色无味的有毒气体，它是大气中含碳量第三的微量成分（仅次于 CO_2 和 CH_4）。大气中的 CO 主要是碳氢化合物不充分燃烧的产物，如机动车尾气、生物质燃烧等，也可能是某些碳氢化合物或其他有机物氧化或分解的产物[25]。研究表明，对于全球而言南半球的 CO 浓度没有明显的变化趋势，而北半球 1950—1980 年平均每年增加 1%[26]，但从 20 世纪 90 年代开始增长速度有所放缓[27]。

CO 在大气化学过程中起着非常重要的作用，从全球尺度来说，CO 在大气中的汇主要是与 OH 自由基反应[28]，因此它的浓度控制着对流层大气氧化能力[28,29]。由于与 OH 的反应，CO 也是 O_3 的重要前体物之一，但它对 O_3 的贡献与 NO_x 的浓度有关：对于 NO_x 浓度较低的干洁大气，CO 由于与 OH 自由基的反应会导致 O_3 的减少；而在高 NO_x 浓度的条件下，CO 的氧化过程会导致 HO_2 自由基的产生，从而进一步反应生成 O_3[28]。CO 在大气中的平均寿命为 1～2 个月，最终可被氧化成 CO_2。由于寿命较长，它可以经过长距离输送。在大气化学观测研究中，CO 也被公认为研究人为源排放和输送的理想"示踪物"。

从 CO 的来源来说，其主要来自大规模的露天生物质燃烧过程、城市机动车排放过程等（图 6-6），随着我国发动机技术的不断升级，化石燃料的充分燃烧已经不再是问题，因此，由于生物质不完全燃烧造成的 CO 污染是目前最需要关注的。我国是农业大国，每年的 5—7 月是长江中下游地区、华北等农产区农作物收获以及轮作的典型季节。由于轮作过渡周期极短，农作物收获积累的大量秸秆无法得到有效清除，最为便捷的方法便是焚烧，就造成了我国在 5—7 月存在的秸秆焚烧污染现象。秸秆焚烧不但释放大量的颗粒物，同时也排放出大量的 CO，成为我国在典型农作物轮作季节 CO 的主要来源。除此之外，城市及农村利用生物质作为燃料而造成的 CO 排放量也是十分巨大的。

图片来源：Blake D R，*VOCs study in PRD region*。http://www.168zm.com/News/News/picture/2012/12/2012122921820620.html

图 6-6　大规模的露天生物质燃烧、城市机动车排放是 CO 的主要来源

与 CO 不同，CH_4 的排放则主要来源于畜牧业排放和发酵过程，如牲畜排放物及其发酵过程均会产生大量的 CH_4，其不但是一种大气污染物，也是十分重要的温室气体。

6.4　平流层和对流层臭氧浓度的变化

6.4.1　平流层臭氧变化

O_3 这种有特殊腥臭味的浅蓝色气体自 1839 年由 C.F.Schonbein 首先发现，并用希腊文命名为 Ozein（意即"臭"）之后，便成为大气科学家研究的重要对象之一。自 20 世纪 80 年代初发现南极 O_3 空洞以来，O_3 变化研究引起了越来越多的关注。英国 Hally Bay 南极站的大气 O_3 总量观测显示，自 20 世纪 70 年代中期开始，南极 O_3 总量逐年明显下降。尽管人类活动引起北半球对流层 O_3 含量自工业革命以来表现为增加，而由它造成的全球平流层大气 O_3 乃至 O_3 总量的减少更是为众多观测事实所证实[31]。Stolarski 等[32]对 TOMS 全球 O_3 资料的研究发现 O_3 减少主要发生在冬春季，南极上空 O_3 总量呈现每十年减少 20% 的趋势；北极和南、北半球中纬度 35°～64° 地区的 O_3 总量也存在着明显的减少趋势。1992 年年末至 1993 年年初，南极和北半球中纬度地区的 O_3 总量均达到有记录以来的最低值。

值得庆幸的是，在全球保护臭氧层行动的逐渐开展下，平流层 O_3 损耗得到了有效的控制，2010 年世界气象组织和联合国环境规划署联合发表了一份名为《2010 年臭氧层消耗科学评估》的报告。该报告的摘要指出，过去十年来，尽管全球臭氧层的厚度尚未开始增加，但破坏情况已得到有效遏制，世界各国在《关于消耗臭氧层物质的蒙特利尔议定书》（以下简称《蒙特利尔议定书》）框架下开展的保护工作不仅避免了臭氧层的进一步损耗，而且还为减缓温室气体效应做出了贡献。

新发布的报告由 300 多位科学家编写和审查，是近四年来有关臭氧层状况的首份综合性最新资料。报告称，《蒙特利尔议定书》的缔约国很好地履行了承诺，逐步淘汰了消耗臭氧层物质的生产和使用，从而避免了臭氧层的严重损耗。报告指出，除极地上空外，全球其他各处的臭氧层预计将于 21 世纪中期之前恢复到 1980 年以前的水平，但南极上空春季臭氧层空洞的恢复时间相比之下则要晚得多。同时，虽然中纬度地区的地表紫外线辐射在过去十年以来基本保持了恒定水平，但在南极地区，春季臭氧层空洞较大时，仍能观测到较高的紫外线辐射水平。报告认为，由于许多消耗 O_3 的物质同时也是强效温室气体，《蒙特利尔议定书》的落实也为减缓气候变化带来了重大的协同效益。2010 年，因执行《蒙特利尔议定书》而减少的消耗 O_3 物质若以 CO_2 当量进行计算，约为每年 100 亿 t，比控制 CO_2 排放的《京都议定书》首个承诺期（2008—2012 年）的目标削减量高出 5 倍之多。联合国环境规划署执行主任施泰纳表示，这份报告强调了保护臭氧层行动所带来的多方面的益处。除了气候变化方面的贡献外，保护臭氧层也能为公众健康带来直接效益。如果没有《蒙特利尔议定书》，到 2050 年，消耗 O_3 的物质在大气中的浓度可能会是现在的 10 倍，这样的后果将额外增加 2 000 多万个皮肤癌病例和 1.3 亿个白内障病例，并给人类的免疫系统、野生动物和农业生产带来危害。

6.4.2 对流层臭氧变化

O_3 是光化学烟雾的代表性污染物，城市 O_3 主要是由 VOCs 与 NO_x 经过一系列复杂的光化学反应所形成。O_3 前体物和 O_3 本身在大气中的输送，使得光化学烟雾往往成为一个区域性问题，其覆盖范围可达几十千米甚至数百千米以上。早在 19 世纪中期科学家发现了 O_3 的化学结构并对其在大气中的表现作了初步说明，在 1874 年发现 O_3 对动植物存在威胁。20 世纪 40 年代，Middleton 提出并阐述了光化学烟雾对农作物的影响。1952 年，美国科学家 Haagen-Smit 在研究了光化学烟雾的化学成分及生成过程后提出 O_3 是城市光化学烟雾的主要氧化剂，并提出大气中的 VOCs、NO_x 是对流层 O_3 的主要前体物。1961 年科学家 Leighton 发表专著着手解释了对流层 O_3 在大气中的形成原理和行为过程。1970 年，美国正式制定《清洁空气法案》，以缓解 O_3 污染，该国也成为世界上首个制定 O_3 控制法规的国家。1971 年，加拿大专门启动了《臭氧及空气质量计划》，开始针对对流层 O_3 及相关污染物的化学机理、传输规律开展研究，并于 1974 年制定了清洁空气法案。20 世纪 70—80 年代，经过国际科学界对对流层 O_3 及相关污染物的系统研究，比较深入地了解了大气中 O_3 及其前体物的化学关系及反应过程。国际 O_3 控制重点也逐渐转到对地区性 VOCs 的排放上。在对对流层 O_3 的研究方面欧美国家开展得较早，在洛杉矶光化学烟雾事件之后，对流层 O_3 作为光化学烟雾的主要前体物受到国际科学界的广泛关注。近年来欧美科学家开始针对对流层 O_3 及相关污染物的反应机制进行深入研究，以图详尽地了解 O_3 前体物与大气自由基之间的化学过程，系统掌握 O_3 前体物在对流层的传输、交换作用，以便利用模式更加准确地模拟对流层 O_3、相关污染物的化学过程及时空分布。

美国于 20 世纪 60 年代引入烟雾箱试验模拟并描述了光化学烟雾生成过程，之后以洛杉矶等城市观测数据为基础发展了光化学烟雾概念模型。70 年代中期，研究界对光化学反应中 OH 自由基的化学作用有了新的认识，并开发了双向催化技术控制汽车尾气的排放。同时，首次风洞试验在美国启动，并在后期对试验结果进行了验证。其间，对流层 O_3 及相关污染物的区域传输也受到重视。进入 80 年代，三元催化技术在 O_3 前体物控制中得到应用，并开展了对发动机及燃油的研究。同时，对 VOCs 的空间排放量进行重新评估，发现 VOCs 排放量有所增加，特别是城郊地区生物源 VOCs 的贡献受到关注。近十年来，北美的三个主要国家（美国、加拿大、墨西哥）联合开展了对流层 O_3 及相关污染物的大范围观测研究，并着手在不同尺度区域研究污染物传输对光化学烟雾形成的作用。"北美对流层臭氧研究组织"（NARSTO）成立，开始将北美三国作为一个整体进行对流层 O_3 研究，加拿大科学家完成了对 NO_x、VOCs 的评估工作。

关于全球性的对流层大气化学野外观测试验研究，比较著名的国际研究计划分别是 IGACP（International Global Atmospheric Chemistry Project）和 GTCP（Global Tropospheric Chemistry Program）。IGACP 是在 20 世纪 80 年代后期，由国际气象和大气科学协会（IAMAS）的大气化学和全球污染委员会（CACGP）以及国际岩石圈-生物圈研究计划（IGBP）联合资助的一项国际性大气化学合作研究计划。GTCP 最初是在 1984 年美国国家科学院（NAS）发起的、由多个政府和科研机构（NSF、NASA、NOAA 等）资助、为期 10~20 年的全球对流层大气化学研究计划，旨在研究全球大气化学的生物源、化学成分的全球分布和长距离输送以及对流层中由化学反应导致的污染物转化、再分布以及化学成分的清除等。作为 GTCP 计划的主要参加机构之一，美国航空航天局（NASA）推出了全球对流层观测试验计划（Global Tropospheric Experiment Missions，GTEM），提供飞机观测平台参与了一系列观测试验；而其他一些国家和地区的研究机构也都组织了相应的、与飞机观测相配合的地面连续观测。自 1983 年以来所有 GTEM 计划试验的时间和覆盖地点中，PEM-West A（1991）、PEM-West B（1994）和 Trace-P（2001）3 个观测计划主要是在东亚地区实施的，中国（包括大陆、香港和台湾）、日本、韩国等国家的研究机构都参加了观测试验，主要是同期进行地面加强观测和气球探空观测等。

中国在过去的 20 年里经历了快速的经济和工业发展，而且是世界上人口最多的国家[33,34]。研究发现，作为快速经济发展的结果，中国地区人为污染源排放和化石燃料的消耗在近年都有了急剧的增长[35]，其排放总量甚至与欧美同类排放量相当。例如，可估计的中国地区人均 NO_x 排放量（以 N 量计）为 0.3~1.1 kg/（$km^2 \cdot d$）[36,37]，而同期美国的排放量估计为 1.7 kg/（$km^2 \cdot d$），欧洲排放量为 1.5~3.5 kg/（$km^2 \cdot d$）[38,39]。此外，中国地区污染物排放源主要分布于东南沿海、黄河-长江沿岸和四川盆地。因此，在中国的许多大城市出现比较严重的臭氧污染[例如 120×10^{-9}（体积分数）]就不足为奇[40]，并且在城郊和偏远地区也会出现高浓度 O_3 污染的个例。同时，研究者们注意到，某种程度上中国大量 NO_x 的排放而引起非城市地区高 O_3 污染的情况与西方发达国家所经历的过程相似，但从某些方面考察发现，中国的 O_3 污染情况和形成机理与全球其他地区观测到的情况有较大差异，其中之一是东亚地区的气象环境。充足的 O_3 前体物是形成 O_3 污染的必要条件，而有利于污染物聚集和 O_3 形成的气象条件也是地区形成严重 O_3 污染的重要条件。在美国、加拿大和欧洲，严重的 O_3 污染主要受到缓慢移动的高压系统控制[41-50]，受这种天气系统影响，晴朗高温的边界层环境促使和加速了大气光化学过程和光化学污染的形成[51,52]。在晚春季和夏季，由于受到连续高压系统的控制，美国西海岸大气状态处于高温和稳定，因此在此季节里往往出现连续严重的 O_3 污染事件[53-55]。然而，中国地区受到完全不同的气象条件的影响。在晚春季节和夏季，中国地区受到亚洲季风环流的控制，这种气象条件造成了中国次大陆地区不稳定大气状态、边界层散失和多雨的现象[56,57]，并不适宜污染物的积累和二次污染物的生成，也说明在晚春季节和夏季中国非城市地区高 O_3 污染并不是普遍现象。Wang 等[58]发现夏季香港地区 O_3 浓度达到全年最低。因此，研究中国乃至东亚地区对流层 O_3 污染在特殊气象条件下的形成机制和演变规律对了解和掌握全球对流层 O_3 的分布和传输规律都有极其重要的意义。

我国关于 O_3 研究的起步较晚，但经过近几年的努力，也取得了很多成果。国内关于大气化学的野外观测研究始于 20 世纪 50 年代，先后在香河和昆明建立了 O_3 观测站对大气 O_3 总量进行观测[59]，并于 1979 年开始正式加入世界气象组织大气 O_3 监测网[60]。然而，关于近地面的大气化学观测与研究工作从 20 世纪 70 年代末才起步。在 1974 年唐孝炎等首先在甘肃省兰州市的西固地区发现光化学污染事件，并通过光化学烟雾箱对光化学过程进行了模拟研究，分析了我国光化学烟雾的机理，在 1979 年联合北京多家研究单位在甘肃省开展了"兰州西固地区光化学污染规律及防治对策研究"，针对兰州西固工业区出现的光化学烟雾进行观测和研究，发现石油化工厂的排放是该地区出现光化学烟雾的主要原因[61]；为研究区域大气的本底状况，国家气象局自 80 年代开始先后建立了上甸子（于 1983）、临安（于 1984）、龙凤山（于 1990）和瓦里关（于 1994）四个分别代表中国不同地区背景大气的本底基准监测站，对大气中的飘尘、降水化学、混浊度以及温室气体等进行长期连续监测（http://www.cams.cma.gov.cn/cams_kxsy/daqibebdi-jianjie.htm），丁国安等通过对龙凤山、青岛、临安和瓦里关山的地面 O_3 及有关前体物的野外观测，取得了较系统的具有一年季节变化的观测资料，并利用观测资料研究了中国大气本底条件下不同地区地面 O_3 特征，发现临安春季 O_3 浓度最大（42.9×10^{-9}），夏季最小（20.3×10^{-9}），龙凤山秋季臭氧浓度最大（27×10^{-9}）的季节特征，并发现平流层注入作用是瓦里关臭氧浓度高于另外两站点的原因之一，同时提出我国地面 O_3 浓度在作物生长期已达到或超过农作物正常生长的临界值。

同时，相关学者首次进行了 O_3 探空观测试验，初步揭示了我国青海地区大气 O_3 廓线的几种类型及其季节变化，完整、系统地收集和分析了中国地区大气 O_3 柱浓度总量资料，并总结了自 1979 年以来中国地区大气 O_3 总量的变化特征和规律。试验测定了我国 40 多个主要树种的碳氢化合物排放量。通过统计计算，建立了我国 $1° \times 1°$ 的 SO_2、CO_2、NO_x、CH_4、N_2O 和 NH_3 的排放清单和分布图[60]。

国内以近地面 O_3 为主要研究内容的、规模较大的大气化学综合科学试验，是最近的十年内才开始的：1994—1997 年，国家自然科学基金重大项目"中国地区大气臭氧变化及其气候环境的影响"实施，该项目以野外观测、资料分析、实验室模拟、理论分析和数值模拟相结合，综合研究了我国的大气臭氧变化规律与机制及其生态和环境效应，取得了大量有价值的科研成果[60-62]。中国长江三角洲是一个人为活动影响比较严重的地区，在过去的几十年中经历了快速的经济发展，在对周围邻近地区 O_3 污染状况分析的基础上，1998—2002 年，国家自然科学基金重大项目"长江三角洲低层大气物理化学过程及其与生态系统的相互作用"在华东地区开展，该项目后来也进一步发展为国际合作项目 CHINA-MAP（Yangtze Delta of China as an Evolving Metro-Agro-Plexes）（Metro-Agro-Plexes：都市农村复合体，是由 Chameides 等在 1994 年提出的概念），由美国和中国香港的多家大学和科研机构共同参加，自 1999 年年初开始，分别在常熟、临安、建湖及青浦等地区开展了低层大气物理化学过程的综合观测。在最近几年里，为研究不同地区的大气环境问题也开展了多项国家重大项目，如"首都北京及周边地区大气、水、土环境污染机理与调控原理"、"长江、珠江三角洲地区土壤和大气环境质量变化规律与调控原理"等科技部"973"项目。

随着人们对近地面 O_3 增加造成的危害程度的认识加深，国内许多城市都已经开展了城市区域 O_3 监测研究工作，并取得了一定的成果。除了这些重大研究项目，过去的 20 多年内也有很多学者在国内的不同地区开展了大量近地面大气化学的观测研究，如西南的重庆、成都和贵阳等地[63]、淮北小张庄[64]、西藏拉萨郊区[65]等。1996 年夏季 7、8 月在广东肇庆鼎湖山自然保护区进行了为期两个月的综合观测，给出了太阳辐射、地面 O_3、NO、NO_2 浓度的观测结果，对影响地面 O_3、NO 和 NO_2 的主要因子进行了分析[66-68]。也有一些主要是以城市臭氧以及气溶胶为主的观测研究，如兰州[69]、青岛[70]等许多城市都开展了一些相关研究。中科院大气物理所利用 325 m 高塔观测北京地区城市边界层 O_3 及其前体物的分布特征，并研究了 O_3 及其前体物在大范围冷锋过程中的变化特征[71,72]。上海朱毓秀和徐家骝等对地面气象因子和地面 O_3 污染的关系作了研究，提出了华东城市地区 O_3 污染的气象成因[73-75]。从 20 世纪 90 年代初开始，中国香港许多学者也开展了大量的大气化学观测试验。如香港理工大学于 1993 年在香港东南端的鹤咀建立区域大气环境监测站，进行地面 O_3 和 O_3 总量（Brewer #115）、CO 以及风、温、湿和辐射等气象要素的长期连续监测[56,76-78]，也参加了多项国际合作项目（如 PEM-West B、TRACE-P、ACE-Asia 等）的地面加强观测试验，监测项目除上述常规项目外还包括 SO_2、NO_y（NO）、气溶胶粒子化学成分以及 VOCs 等[58,79]；除这些区域尺度的本底观测外，在珠江三角洲地区也开展了一系列以研究城市群光化学污染特征为主的观测试验[80,81]。

近几年的研究表明，由于自然排放、人为产生以及大气中化学生成的 NMHC、CO、NO_x（NO、NO_2）等对地面 O_3 浓度的变化有着重要影响。O_3 及前体物 NO_x、NMHC 等化学活性很高，在大气中的反应速度非常快，因此，它们的空间分布差别较大。NO_x 在对流层 O_3 的光化学过程起着决定性的作用，它与碳氢化合物的化学反应是造成污染大气中 O_3 高浓度的最主要原因，它还是光化学烟雾形成的先驱物。近几年的观测证明，随着人为活动排放 NO_x 的增加，不仅使城市污染大气中的 O_3 浓度升高，也使干净背景大气中的 O_3 浓度明显上升。全球范围对流层 O_3 浓度增加还可能影响地-气系统的辐射平衡进而引起气候的变化。虽然国内外在一些大城市和地区已有较长时间的监测，但在本底地区大气中对它们的研究还不是很充分。

6.5　臭氧层的保护和对流层臭氧的控制

　　显然，平流层的 O_3 是保护地球生命和生态系统之"佛"，人们理所当然地珍惜它的存在；而对流层 O_3 是危害地球生命和生态系统之"魔"，人们毫不掩饰地憎恨它的存在。这种爱憎分明的感情，已经和正在见之于行动之中，表现为对平流层 O_3 的保护和对对流层 O_3 的控制。

　　臭氧层破坏是当前面临的全球性环境问题之一，自 20 世纪 70 年代以来，就引起世界各国的关注。联合国环境规划署自 1976 年起陆续召开了各种国际会议，通过了一系列保护臭氧层的决议。尤其在 1985 年发现了在南极周围臭氧层明显变薄，即所谓的"南极臭氧层空洞"问题之后，国际上保护臭氧层的呼声日益高涨。为此，1987 年 9 月 16 日，联合国环境规划署在加拿大蒙特利尔主持召开的国际臭氧层保护大会，通过了《蒙特利尔议定书》，对控制全球破坏臭氧层物质的排放量和使用提出了具体要求，即：缔约国都要限制使用氟氯化碳和其他耗竭 O_3 的化学物质。1995 年，联合国大会决定把每年的 9 月 16 日作为国际保护臭氧层日，要求《蒙特利尔议定书》所有缔约方采取具体行动纪念这个日子。截至 2007 年 9 月，已有 191 个国家签署了这一议定书。《蒙特利尔议定书》被联合国前秘书长安南称赞为"迄今唯一最成功的国际协议"。《蒙特利尔议定书》涉及了多种物质，这些物质既消耗 O_3 也导致气候变暖。20 多年来，通过议定书各缔约方的共同努力，全球已成功地削减了 95% 的消耗臭氧层物质。根据 2007 年 9 月议定书第 19 次缔约方大会达成的协议，主要消耗臭氧层物质将于 2030 年前在全球范围内彻底停止生产和使用，这比原计划提前了十年。

　　关于对流层 O_3，由于其主要来源是大气光化学过程，也就是说对流层 O_3 不是人类直接排放的，因此，要使对流层 O_3 得到较好的控制，必须控制其前体物（NO_x 和 VOCs）的排放。

　　有关平流层 O_3 的保护及对流层 O_3 的控制，具体论述不在本章之列，会在后面的章节涉及。

结语

　　我国由于近年来经济发展迅速，能源消耗类型有了重大改变，未来 20 年中我国经济将以每年大于 7% 的速度增长，能源的需求也将大幅度增加，由此引发的平流层 O_3 损耗以及对流层光化学污染将对我国的生态环境带来极大威胁。尤其是对流层 O_3 污染的加剧，直接或间接地造成了区域光化学污染、霾天气、区域酸雨污染等一系列污染问题。因此，进行对流层特别是近地面层 O_3 控制，对于我国建设生态社会具有重要意义，但就目前我国的臭氧污染现状来看，控制之路还非常漫长，需要全社会的共同努力。

参考文献

[1] Pierce R B, Saadi J A, Fairlie T D, et al. Large-scale strato-spheric ozone photochemistry and transport during the POLARIS campaign [J]. J. Geophys. Res., 1999，104: 26525-26545.

[2] Cordero E C，Kawa S R. Ozone and tracer transport variations in the summer Northern Hemisphere stratosphere [J]. J. Geophys. Res.，2001，106：12227-12239.

[3] Moxim W J，Levy H. A model analysis of the tropical South Atlantic Ocean tropospheric ozone maximum：The interaction of transport and chemistry [J]. J. Geophys. Res.，2000，105：17393-17415.

[4] Wennberg P O，Cohen R C，Stimpfle C M，et al. Removal of stratospheric O_3 by radicals：In situ measurements of OH，HO_2，NO，NO_2，ClO，and BrO [J]. Science，1994，226：398-404.

[5] Bregman A，Krol M C，Teyss dre H，et al. Chemistry-trans-port model comparison with ozone observations in the midlatitude lowermost stratosphere [J]. J. Geophys. Res.，2001，106：17479-17496.

[6] Chen Yuejuan，Zheng Bin，Zhang Hong. The features of ozone quasibiennial oscillation in tropical stratosphere and its numerical simulation [J]. Advances in Atmospheric Sciences，2002，19（5）：777-793.

[7] Chen Yuejuan，Shi Chunhua，Zheng Bin. HCl quasibiennial oscillation in the stratosphere and a comparison with ozone QBO [J]. Advances in Atmospheric Sciences，2005，22（5）：751-758.

[8] 郑彬，陈月娟，张弘. NO_x 的准两年周期变化及其与臭氧准两年周期振荡的关系 II.模拟研究[J]. 大气科学，2003，27（6）：1007-1017.

[9] 郑彬，施春华. 平流层准两年周期振荡对 CH_4 双峰的影响[J]. 热带气象学报，2008，24（2）：111-116.

[10] 施春华，陈月娟，郑彬，等. 平流层臭氧季节变化的动力和光化学作用之比较[J]. 大气科学，2010，34（2）：399-406.

[11] Molina M J，Rowland F S.Stratospheric sink for chlorofluoromethanes：Chlorine atomcatalyzed destruction of ozone [J]. Nature，1974，249：810-812.

[12] Logan J A, Nitrogen oxides in the troposphere: global and regional budgets[J]. Geophys. Res. 1983，88：10785-10807.

[13] U.S. EPA. National air quality and emissions trends report. EPA-450/4-86-001，1984. EPA，Research Triangle Park N. C.，1986.

[14] Ehhalt D H，J W. Durmmond，the tropospheric cycle of NO_x //Georgii H W，Jaeschk W（Eds.）. Chemistry of the Unpolluted and Polluted Troposphere. D. Reidel Publishing，Hingham，MA，1982：219-251.

[15] Carter W P L，A C Lloyd J L Sprung，et al. Computer modeling of smog chamber data：progress in validation of a detailed mechanism for the photooxidation of propene and n-butane in photochemical smog[J]. International Journal of Chemical Kinetics，1979，11：45-101.

[16] Paulson S E，J H Seinfeld. Development and evaluation of a photooxidation mechanism for isoprene[J]. Geophys. Res，1992，97：20703-20715.

[17] Carter W P L，R Atkinson. Atmospheric chemistry of alkanes[J]. Journal of Atmospheric Chemistry，1996，3：377-405.

[18] Trainer M，E J Williams，D D Parrish，et al. Impact of natural hydrocarbons on rural ozone: Modeling and

observations[J]. Nature，1987，329：705-707.

[19] Chameides W L，R W Lindsay，J Richardson，et al. The role of biogenic hydrocarbons in urban photochemical smog：Atlanta as a case study[J]. Science，1988，241：1473.

[20] Mckeen S A，E Y Hsie，S C Liu. A study of the dependence of rural ozone on ozone precursors in the eastern United States[J]. Geophys. Res，1991，96：10809-10845.

[21] Hagerman L M，Aneja V P，Lonneman WA. Characterization of non-methane hydrocarbons in the rural Southeast United States[J]. Atmos. Environ，1997，31：4017-4038.

[22] World Meteorological Organization（WMO）. Atmospheric Ozone. Report No.16，Global Ozone Research and Monitoring Project，1985.

[23] Finlayson-Pitts B J，Pitts Jr J N. Atmospheric Chemistry：Fundamentals and Experimental Techniques[M]. New York：Wiley-Interscience Publication，1986：1098.

[24] Atkinson R，Aschmann S M，Pitts Jr. Rate constants for the gas-phase reactions of the NO_3 radical with a series of organic compounds at 2962 K[J]. Phys. Chem，1988，92：3454-3457.

[25] Kanakidou M，Crutzen P J. The Photochemical source of carbon monoxide：Importance，uncertainties and feedbacks[J]. Chemosphere：Global Change Science，1999，1：91-109.

[26] Zander R，Demoulin P，Ehhalt D H，et al. Secular increase of the total vertical column abundance of CO above central Europe since 1950[J]. Geophys. Res.，1989，94：11021-11028.

[27] Law K S. Theoretical studies of carbon monoxide distributions，budgets and trends[J]. Chemosphere：Global Change Science，1999，1：19-31.

[28] Crutzen P J. An overview of atmospheric chemistry//Topics in Atmospheric and Interstellar Physics and Chemistry，in ERCA vol. 1. Les Editions de Physique，Les Ulis，France，1994：63-89.

[29] Logan J A，Prather M J，Wofsy S C，et al. Tropospheric chemistry：a global perspective[J]. Geophys. Res，1981，86：7210-7254.

[30] Crutzen P J. A discussion of the chemistry of some minor constituents in the stratosphere and troposphere[J]. Pure App. Geophys，1973，106-109，1385-1399.

[31] Bojkov D. The ozone layer recent developments[J]. Bulletin of WMO，1994，43（2）：113-116.

[32] Stolarski R S，Bloomfield P，Mcpeters R，et al. Total ozone trends deduced from NIMBUS 7 TOMS data[J]. Geophys Res Letts，1991,18(6): 1015-1018.United Nations (U. N.), Agrostat-PC: Production, Comput. Inf. Ser. Food and Agric. Org., Rome, 1991.

[33] Elliott S，D R Blake，R A Duce，et al. Motorization of China implies changes in Pacific air chemistry and primary production[J]. Geophys. Res. Lett.，1997，24：2671-2674.

[34] Chameides W L，et al. Is ozone pollution affecting crop yields in China?[J]. Geophys. Res. Lett.，1999，26：867-870.

[35] Smil V. China's Environmental Crisis：An Inquiry Into the Limits of National Development，An East Gate Book[M]. Armonk N. Y.：M. E. Sharpe，1993：257.

[36] Galloway J D，H Levy，P S Kasibhatla. Year 2000：Consequences of population growth and development on deposition of oxidized nitrogen[J]. Ambio，1994，23：120-123.

[37] Bai N B. The emission inventory of CO_2，SO_2 and NO_x in China，in The Atmospheric Ozone Variation and

Its Effect on the Climate and Environment in China[M]. Beijing: Meteorol Press, 1996: 145-150.

[38] U.S. Environmental Protection Agency（EPA）. National air quality and emissions trends report. 1996, EPA 454/R-97-013, 152 pp., Off. of Air Qual. Plann. and Stand., Research Triangle Park N. C., 1998.

[39] Chameides W L, P S Kasibhatla, J Yienger, et al. Growth of continental-scale metro-agro-plexes, regional ozone pollution, and world food production[J]. Science, 1994, 264: 74-77.

[40] Tang X, J Li, Z Dong, et al. Photochemical pollution in Lanzhow, China—A case study, paper presented at 79th Annual Meeting of the Air Pollution Control Association, Minneapolis, Minn., 1986, June 22-27.

[41] Vukovich F M, W D Bach, B W Crissman, et al. On the relationship between high ozone in the rural boundary layer and high pressure systems[J]. Atmos. Environ., 1977, 11: 967-983.

[42] Vukovich F M. A note on air quality in high pressure systems[J]. Atmos. Environ., 1979, 13: 255-265.

[43] Vukovich F M. Boundary layer ozone variations in the eastern United States and their association with meteorological variations: Long-term variations[J]. Geophys. Res., 1994, 99: 16839-16850.

[44] Vukovich F M. Regional-scale boundary layer ozone variations in the eastern United States and their association with meteorological variations[J]. Atmos. Environ., 1995, 29: 2259-2273.

[45] King W J, F M Vukovich. Some dynamic aspects of extended air pollution episodes[J]. Atmos. Environ., 1982, 16: 1171-1181.

[46] Fishman J F, M Vukovich, D R Cahoon, et al. The characterization of an air pollution episode using satellite total ozone measurements[J]. Clim. Appl. Meteorol., 1987, 26: 1638-1654.

[47] Samson P J, B Shi. A meteorological investigation of high ozone in American cities, Office of Technology Assessment report. Washington D. C.: U.S. Govt. Print. Off., 1989.

[48] Davies T D, P M Kelly, P S Low, et al. Surface ozone concentrations in Europe: Links with the regional-scale atmospheric circulation[J]. Geophys. Res., 1992, 97: 9819-9832.

[49] Millan M R, R Salvador, E Matilla, et al. Meteorology and photochemical air pollution in southern Europe: Experimental result form EC research projects[J]. Atmos. Environ., 1996, 30: 1909-1924.

[50] Davis J M, B K Eder, D Nychka, et al. Modeling the effects of meteorology on ozone in Houston using cluster analysis and generalized additive models[J]. Atmos. Environ., 1998, 32: 2505-2520.

[51] Dodge M C. A comparison of three photochemical oxidant mechanisms[J]. Geophys. Res., 1989, 94: 5121-5136.

[52] Cardelino C A, W L. Chameides. Natural hydrocarbons, urbanization, and urban ozone[J]. Geophys. Res., 1990, 95, 13971-13979.

[53] National Research Council（NRC）. Rethinking the ozone problem in urban and regional air pollution[M]. Washington D. C.: Natl. Acad. Press, 1991: 500.

[54] United Kingdom（U.K.）Report. Ozone in the United Kingdom, fourth report of the Photochemical Oxidants Review Group. London, 1997: 234.

[55] Scheel H E, et al. Spatial and temporal variability of tropospheric ozone over Europe, in Tropospheric Ozone Research, Transport and Chemical Transformation of Pollutants in the Troposphere[M]. New York: Spring-Verlag, 1997: 35-64.

[56] Ding Y. Summer monsoon rainfalls in China[J]. Meteorol. Soc. Jpn., 1992, 373: 243.

[57] Grotjahn R. Global Atmospheric Circulations—Observations and Theories[M]. New York：Oxford Univ. Press，1993：430.

[58] Wang T，K S Lam，L Y Chan，et al.Trace gas measurements in coastal Hong Kong during the PEMWest B[J]. Geophys. Res.，1997，102：28575-28588.

[59] 王庚辰. 我国大气臭氧探测技术的进展现状[J]. 地球科学进展，1991，6（6）：31-36.

[60] 周秀骥. 中国地区大气臭氧变化及其对气候环境的影响（一）[M]. 北京：气象出版社，1996.

[61] Tang Xiaoyan，Li Jinlong，Dong Zhenxing，et al. Photochemical pollution in Lanzhou，China-A case study[J]. Journal of Environmental Sciences（China），1989，1：31-38.

[62] 周秀骥. 中国地区大气臭氧变化及其对气候环境的影响（二）[M]. 北京：气象出版社，1997.

[63] 肖辉，沈志来，黄美元，等. 我国西南地区地面和低层大气臭氧的观测分析[J]. 大气科学，1993，17（5）：621-628.

[64] 姚克亚，陈月娟，黄美元，等. 小张庄地面 O_3 和 NO_x 的初步研究[J]. 中国科学技术大学学报，1997，27（2）：153-157.

[65] 汤洁，周凌，郑向东，等. 拉萨地区夏季地面臭氧的观测和特征分析[J]. 气象学报，2002，60（2）：221-229.

[66] 白建辉. 近地面臭氧与光化辐射及前体物变化规律的研究[D]. 北京：中国科学院大气物理研究所，1999.

[67] 白建辉，王明星，John Graham，等. 鼎湖山地面臭氧、氮氧化物变化特征的分析[J]. 环境科学学报，1999，19（3）：262-265.

[68] 白建辉，王明星. 地面臭氧光化过程规律的初步研究[J]. 气候与环境研究，2001，6（1）：91-102.

[69] 姜允迪，王式功，祁斌，等. 兰州城区臭氧浓度时空变化特征及其与气象条件的关系[J]. 兰州大学学报：自然科学版，2000，36（5）：118-125.

[70] 李金龙，等. 青岛市沙子口站地面大气臭氧、气溶胶及其前体物的观测研究（2）//周秀骥. 中国地区大气臭氧变化及其对气候环境的影响（二）. 北京：气象出版社，1997.

[71] 姚小红，何东全，周中平，等，北京城市大气中 NO_x、CO、O_3 的变化规律研究[J]. 环境科学，1999，20（1）：23-26.

[72] 李昕，安俊琳，王跃思，等. 北京气象塔夏季大气臭氧观测研究[J]. 中国环境科学，2003，24（4）：353-357.

[73] 朱毓秀，徐家骝. 近地层臭氧及氮氧化物的垂直梯度观测及其和气象的关系[J]. 气象学报，1993a，51（3）：499-504.

[74] 朱毓秀，徐家骝. 上海市臭氧浓度的某些特征及其与气象的关系[J]. 中国环境科学，1993b，13（4）：269-273.

[75] Xu Jialiu，Zhu Yuxiu，Li Jinglan. Seasonal cycles of surface ozone and NO_x in Shanghai[J]. Journal of Applied Meteorology，1997，36：1424-1429.

[76] Lam K S，Wang T J，Chan L Y，et al. Flow patterns influencing the seasonal behavior of surface ozone and carbon monoxide at a coastal site near Hong Kong[J]. Atmospheric Environment，2001，35：3121-3135.

[77] Chan L Y，H Y Liu，K S Lam，et al. Analysis of the seasonal behavior of tropospheric ozone at Hong Kong[J]. Atmospheric Environment，1998，32：159-168.

[78]　Wang T，K S. Lam，L Y Chan，et al. Cape D'Aguilar (Hok Tsui) Atmospheric Research Station in Hong Kong，IGAC Activities Newsletter (International Global Atmospheric Chemistry Project (IGAC) Newsletter)，Issue No. 20，March 2000.

[79]　Wang Tao，A J Ding，D R Blake，et al. Chemical characterization of the boundary layer outflow of air pollution to Hong Kong during February-April 2001[J]. Geophys. Res.，2003a，108，D20，8787，doi：10.1029/2002JD003272，2003.

[80]　Wang Tao，C N Poon，Y H Kwok，et al. Characterizing the temporal variability and emission patterns of the pollution plumes in the Pearl River Delta of China[J]. Atmospheric Environment，2003b，37：3539-3550.

[81]　Wang T，Kwok K H. Measurement and analysis of a multi-day photochemical smog episode in the Pearl River Delta of China[J]. Applied Meteorology，2003，42：404-416.

第 7 章

黑碳：黑马？

导语

> 2011 年，联合国环境规划署和世界气象组织联合发布评估报告，认为开展黑碳和对流层 O_3 的控制是当前避免温升过快而导致危险气候变化的重要和有效途径，同时还有利于清洁空气行动。转眼之间，黑碳，这种燃烧产生的污染物又成了人类应对气候变化的宠儿，是科学，还是……？

7.1 初识黑碳

7.1.1 气溶胶中的"独行侠"

第 4 章已经对气溶胶进行了专题介绍，总的来说，气溶胶有天然源，也有人为源；有一次排放，也有二次生成；既作为污染物影响空气质量和人类健康，又由于光学作用和云反馈作用抑制气候变暖。但是，在大气气溶胶中，有一类明显与大多数组分截然不同的叫作黑碳的组分，从来源上看，其与人类活动有关；从形成机理上看，其全部是一次排放；从影响来看，除了作为污染物以外，其对气候的影响与大多数气溶胶组分明显相反，由于对太阳辐射的吸收而更可能倾向于气候致暖。于是，大气中的黑碳气溶胶俨然成了气溶胶的"独行侠"，恰似"万绿丛中一点黑"，这种独特的"黑"，极有可能成就黑碳的"黑马"角色[1]。

7.1.2 透视黑碳的本质

7.1.2.1. 命名的多样性

通常情况下，碳元素都是大气气溶胶中的最大元素成分，并以各式各样的化学和物理形式存在。气溶胶颗粒物中的碳总量（total carbon，TC）可以通过元素分析仪进行测定，过程并不困难，测定结果也非常可靠，主要的困难倒是出现在采样过程中的吸附 VOCs 或挥发损失引起的正负误差[2,3]。

在这些碳元素中，有一个特殊的、通常份额很小的碳组分，甚至都没有一个统一的名字，往往被称为黑碳、元素碳（elemental carbon，EC）、类石墨碳（graphitic carbon）或烟炱（soot）。黑碳称谓的多样性是历史造成的，是人们根据不同需要和不同条件进行的实用性称谓，它们的外延也不完全相同，比如，烟炱中除了黑色的碳组分，还有其他类型的碳组分甚至无机组分，只是由于其中含有黑色的碳才在气候领域广泛使用，特别是在早期的文献中经常使用；但另一方面，它们又有一个共同点：都与"黑色"有直接或间接的关系，因为都是从烟炱的研究衍生出来，并根据烟炱中这些"黑色"组分性质的不同给予实用性命名。本书在一般情况下使用"黑碳"这个称谓，但不排除在需要时会使用其他称谓。

7.1.2.2 黑碳的本质：从化学结构说起

我们需要从"黑"字入手，从物质结构的角度搞清黑碳的本质。黑色是一种光学结果，表示这种物质吸收了几乎所有的引起视觉的光线，而少量未被吸收的光线产生的散射没有特征谱线。

黑碳有类似石墨的化学结构。我们知道，石墨和金刚石是两种最为常见的碳的单质和同素异形体，但金刚石中碳原子的轨道首先发生 sp^3 杂化，碳原子间以强劲的 σ 共价键相连接，4 个 σ 键相互间夹角相等，分别指向正四面体的顶端，碳原子在所有方向按这个键角延展，最终使金刚石呈现正四面体的空间网状立体结构，成为高硬度和高熔点的珍贵材料。而石墨中碳原子轨道首先发生 sp^2 杂化，三个杂化轨道形成的 σ 键处于一个平面内，相互夹角为 $120°$，所以在一个平面内碳原子间形成六元环并无限延伸，展现层状的结构，而第四个价电子由于处于 $2p$ 轨道上（π 电子）垂直于这个平面，但不参与成键，所以受到的约束力就很弱，可以相对自由地移动（图 7-1）。

图片来源：http://image.baidu.com。

图 7-1　金刚石和石墨的化学结构差异（左：石墨；右：金刚石）

7.1.3 黑碳的性质

正是由于黑碳有了类似石墨的化学结构，才使它有部分接近石墨的性质，接近的程度与实际吸光气溶胶中石墨键所占比例有直接关系。

1）碳原子间相互以强劲的σ键相连接，增加了黑碳的稳定性，使之在大气中接近惰性，即使在较高温度下也不会被氧化。

2）由于同样的原因，黑碳理论上不溶于极性或非极性溶剂（如水、酸、碱、有机溶剂等）。

3）自由移动π电子的存在，使之成为少有的（也许是唯一的）具有高导电和导热性的非金属。

4）松散约束的π电子使能级间的从小到大的差异处于连续状态，因此使黑碳对电磁辐射在宽大范围内产生连续吸收，这就是"黑色"的来历。

5）类石墨结构中碳原子占据了两维蜂窝状格框的位置，使之具有很强的拉曼光学性质，但红外振动吸收则较弱。拉曼方式的存在可以清晰无误地识别大气气溶胶中类石墨结构的存在，也许是在分子水平唯一的识别方法[4,5]。

7.1.4　黑碳的生成方式

上面已经提到，黑碳的本质是含有石墨键，这是认识黑碳问题的重要基础。在黑碳的生成方面，当今的文献多采用类似于"来源于化石和生物燃料的不完全燃烧"的描述方式，这至少包含两方面含义：一是燃料要含碳，这是生成黑碳的物质基础；二是燃烧必须是不完全的，这是生成黑碳的前提条件，因为如果含碳物质完全燃烧了，结果将是气态的CO_2，黑碳就无从谈起了。

黑碳有两种生成方式：一种是源于高温火焰燃烧的气－粒转化式黑碳，其中经过了复杂的燃料分解、化学键裂解及化学重构，最终形成有较高石墨键、吸光系数较高的烟炱碳（soot carbon）；另一种是经过缺氧（一般O_2供应很不足或温度不太高）环境在一定温度下发生热解炭化过程生成的烧焦炭（char），这部分黑碳实际上是残余碳，在烧焦过程中既形成了一部分石墨键，外形上又保留有原料的形态[6-9]。实践证明，无论是芳香化合物（有六元碳环，有利于石墨键的形成），还是脂肪化合物（链状，生成六元环石墨键经历更为复杂的过程），都能通过热解过程生成烧焦炭[10]。对于烟炱碳和烧焦炭，一般情况下，前者石墨化程度比后者高，所以吸光系数也大，而后者由于石墨化程度较弱，其中还有大量其他碳键，所以其吸光能力较弱，甚至有明显强于烟炱碳的波长关联性，表明含有大量的棕色碳（brown carbon）[11-15]。实际上，由于碳气溶胶是一个没有间断的连续体，所以如何划分黑碳和有机碳是由具体操作决定的（图7-2）[16]。同时，烟炱碳和烧焦炭具有不同的氧化稳定性，这对黑碳的定量测定及环境耐受性评估有重要影响[17]。

7.1.5　历史觅踪

也许烟或烟炱是人们第一个认识到的污染物，且可能是最后一个为大气科学界深入研究的污染物[18]。13世纪英国有了烟炱的记载[19]，到19世纪，法拉第认识到烟炱实际是由含碳燃料不完全燃烧的结果，主要成分为碳元素[20]。在美国，20世纪40年代的洛杉矶光化学烟雾事件以后，由于科学界的一些误解，长时间没有对黑碳的作用给予足够的重视，那个时候人们对城市碳气溶胶的兴趣几乎完全为有机气溶胶及导致TSP浓度累积的气象条件所占据。

在英国，20 世纪 50 年代伦敦烟雾事件的发生激发了对烟炱大气浓度的测定和研究，这些工作首次提供了包括烟炱气溶胶的正式测量数据，并提出了气溶胶-雾相互作用的初步认识[10]。

根据文献[10]介绍，对于烟炱长距离传输的首次系统测量大约是在瑞典开展的，当时怀疑瑞典的空气污染有许多是源于国外的远距离输送[21,22]。首次将黑碳纳入全球视野的是对北极雾霾的关注[23]，接着关于核冬天情境的想象[24-26]及生物质燃烧烟气的长距离传输推动了碳气溶胶的研究[26]。20 世纪 80 年代末，人类开始认识到生物质燃烧的烟气排放对气候有影响。

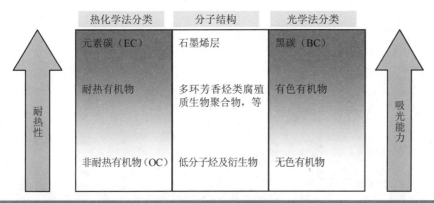

图 7-2　碳气溶胶组分的分类及分子结构（Pöschl，2003）

7.1.6　黑碳与碳循环

尽管碳在地壳中的含量排在第 15 位，但却是地球生命的化学基础，在人体中的含量仅次于氧，排在第二位（重量比 C 为 18.5%，氧为 80%），而在各种生物组织的平均重量中则占了一半[27,28]。碳既是地球生命的基础元素，又是人类社会大多数能量消费的源泉。碳存在于大气圈、土壤及岩石圈、生物圈、水圈，碳在这些不同蓄积体之间的迁移称为碳循环，这种迁移是由不同的化学、物理和生物地球过程引起的。碳收支指的是碳在不同碳蓄积体之间或者在碳循环中某一特定子环之间的交流平衡（比如：大气 ⇌ 生物圈），审视不同蓄积体的碳收支状况可以帮助判断这个蓄积体正在作为 CO_2 的源还是汇。图 7-3 给出了全球陆地、大气和海洋之间的碳循环，而化石燃料是在远古地质年代特定的条件下由动物或植物体演变而成，在今天的地质条件下稳定地存在于地壳深处，如果没有人为的打扰将永远与世隔绝。

大气中黑碳的生成和消失是碳循环的重要组成部分。它的来源除了岩石风化以外，主要是植物和化石燃料的燃烧，高温有焰燃烧倾向于生成烟炱型黑碳，而缺氧闷烧的情况则易于生成烧焦型黑碳。黑碳在土壤、冰雪、沉积物及大气中都不稀奇，因此引起了多个角度的关注和研究。作为大气气溶胶，它既是大气污染物，又是吸光组分；在沉积物和冰芯中的黑碳可以揭示火的历史，并成为短期大气与生物圈碳循环中 CO_2 的汇；从地质学时间尺度来看，黑碳可能还是氧的重要来源[29]。

从碳循环的角度来看，黑碳的生成部分打断了从固定碳（如化石燃料、生物质等）到

CO_2的转变过程，这对于化石燃料来说，减少了温室气体排放，但降低了能源效率；对于生物质燃料来说，截留了部分固定碳，并使这些被截留的固定碳以黑碳形式在较长的时期保留于土壤、海洋等载体中，是对碳封存的一种贡献。我们设想一下，如果从古到今所有的燃烧过程没有黑碳的生成，而是全部转化为CO_2，我们大气中的CO_2浓度会有多高；再想一下，如果生成的黑碳没有沉降下来，而是像CO_2一样混合于空气中，我们呼吸的空气将会是多么污浊。所以，从人类环境和气候变化的角度来看，黑碳参与碳循环本身就是碳捕集和贮藏（CCS）的天然手段，也许会为将来的地球工程（我们将在下一章进行专门介绍）提供更多的启示。

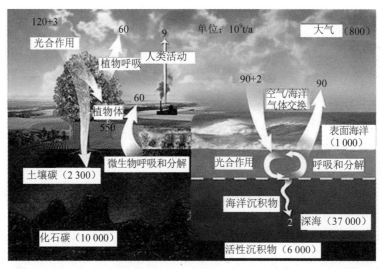

资料来源：http://en.wikipedia.org/wiki/Carbon_cycle 和 http://earthobservatory.nasa.gov/Features/CarbonCycle/? src=eoa-features。

图 7-3　快速碳循环

7.1.7　黑碳的排放源及排放量

根据已经发布的全球排放清单，黑碳的全球排放量每年为 8～24 Tg[30-35]，其中 Bond 等[30]2004 年发表的基于排放因子和部门差别的排放清单是近些年来最受关注的文献，但文中引用的能源使用年代为 1996 年。而 2013 年发表的结果是 2000 年黑碳排放量为 7 600 Gg[36]，与 1996 年的 7 950 Gg 并无明显差别。从部门来看，按照 2007 年 Bond 在美国国会听证会上的报告，仅生物质开放燃烧的黑碳排放量就占总量的 42%，其余的，民用生物燃料占 18%，民用煤等占 6%，道路运输占 14%，非道路运输占 10%，工业和电力占 10%（图 7-4）。另外，发展中国家的黑碳排放占总排放量的 84%，主要源于民用生物质燃料及化石燃料的使用，而发达国家的黑碳排放只占总排放量的 16%，主要源于运输系统和工业活动。

从历史的角度来看，全球的黑碳排放总体呈上升趋势（图 7-5）。Ito 和 Penner[37]计算了 1870—2000 年生物质及化石燃料的黑碳排放，发现由于化石燃料不断增长的消费，黑碳排放量总体上不断增加。Junker 和 Liousse[38]根据化石燃料和生物燃料使用的历史数据，列出了 1860—1997 年逐年的黑碳排放清单，尽管总趋势与 Ito 和 Penner 的结果十分相似，但差别在于，20 世纪 80 年代中期就开始下降了，这可能是由于燃烧技术的提高造成的。Novakov 等[39]也同样观测到 1750 年以后化石燃料黑碳上升的趋势，但仅化石燃料一项就超过了 Junker 和 Liousse 估计的总量，这充分显示了目前排放清单的不确定性。

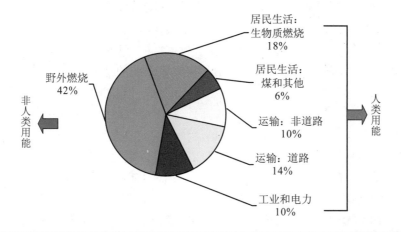

图 7-4　2000 年全球黑碳来源分类（Bond，2007）

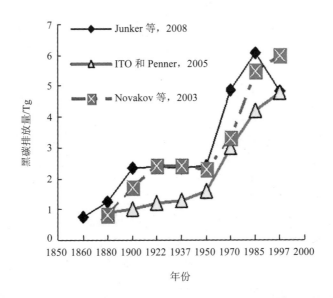

图 7-5　黑碳排放的历史变化

7.1.8　黑碳作为污染物

7.1.8.1　黑碳是细颗粒物的一部分

黑碳是细颗粒物的一部分，因此颗粒物对空气质量及人类健康的危害完全适用于黑碳，这些方面在第 3 章和第 4 章都有所涉及。这里需要说明的是，在欧洲，环境空气中的颗粒物浓度自伦敦烟雾事件以后已经下降到每立方米数十微克，但流行病调查结果依然显示颗粒物浓度与死亡率存在清晰的关联性[40]。2003 年 WHO 发表的研究结果表明，欧洲每年因细颗粒物暴露而造成的过早死亡人数约为 10 万人，合计减少寿命 72.5 万年[41]。如果说有些患病和死亡源于诸如哮喘、慢性呼吸障碍（COPD）及肺癌等疾病的话，大家可能容易理解；但是如果我们说在颗粒物浓度与心血管疾病之间也发现了显著相关性的话，可能许多人会感到不可思议，但研究结果确实支持这样的结论，表明颗粒物的影响并不仅限于它直接沉降的身体部位（比如肺），还对远离呼吸系统的部位有某种程度的影响[42]。

尽管黑碳并不是造成颗粒物危害作用的唯一原因，但却是重要原因，WHO 的报告指出，"燃烧气溶胶对健康的影响尤为显著"，而这种燃烧气溶胶主要指的是黑碳和有机碳气溶胶。那么，是什么原因让包括黑碳在内的燃烧气溶胶"尤为显著"呢？对 PM_{10} 的研究表明，无论是粗颗粒还是细颗粒，在试管试验中都可以引发炎症。粗颗粒上内霉素相对较多，而内霉素是一种有强烈致炎作用的脂聚糖[43]；对于有丰富碳气溶胶的细颗粒，试管试验表明，木材烟气和人造碳黑颗粒能够激发自由基的生成[44]。一般来说，大气中的含碳颗粒呈现类石墨球的无规则团簇结构，石墨球的粒径为 20～40 nm，这样形成的颗粒物比同样质量的球形颗粒物有大得多的比表面积，可以供自由基生成，因此单位质量的超细黑碳颗粒比同样质量的大颗粒有造成炎症感染的更大潜力。另外，随着微粒不断变小至 100 nm 以下，它们沉积于肺部的比率也相应提高，而这些超细颗粒物又有更强的抗噬菌作用[45]和难溶性，因此很难从肺部深处去除，半衰期比粗颗粒物长，在肺部积累浓度也高。

不仅如此，超细颗粒可以离开沉积的表层，向内穿过肺内壁，进入血液系统，对血液系统带来一系列的影响，比如可以增加血浆黏度、提高造成凝塞的蛋白纤维素原，因而增大了血栓形成的概率[46,47]，还可以在其他器官（比如肝脏）进行累积，并通过神经轴传至大脑（与病毒的攻击路线一样！）。它们还能直接影响控制心律的自主神经系统，使心脏遭受致命的心律失常的可能性提高[48]。基于以上原因，在城市空气污染期间死于心脏病的人数甚至比死于肺病的还多，也就不足为奇了[40]。

7.1.8.2 黑碳与霾

霾是当前城市空气污染的重要标志，霾天气的频繁出现说明这个城市的颗粒物污染已经相当严重。从直观来看，霾是由于颗粒物在稳定大气条件下积聚并造成能见度下降（< 10 km）的现象。根据高歌[49]的研究，1961—2005 年，我国平均年霾日数呈现明显的增加趋势，2004 年为近 45 年来最高值（图 7-6）。

颗粒物带来的能见度降低是由于颗粒物的消光作用引起的。消光包括两个部分，一是对光的吸收，二是对光的散射，两者均使物体的散射光抵达观察者的强度减少甚至完全不能到达，造成物体的模糊甚至不能见。黑碳本身是一种吸光体，对光的衰减起相当作用。观测结果表明，在城市重度霾条件下，黑碳的吸光效率也可能增长（图 7-7），对能见度的降低作用更加明显，说明黑碳的吸光能力和霾之间相互促进、互为条件。另外，黑碳属于（超）细颗粒物，而影响能见度的颗粒物主要是细颗粒物，因此，黑碳对能见度的影响比它所占的质量份额要大得多。

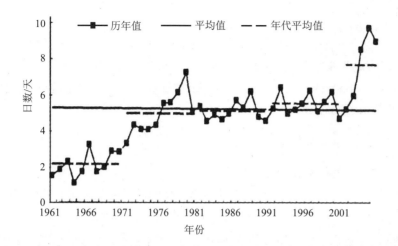

图 7-6 1961—2005 年中国平均年霾日数变化曲线（高歌，2008）

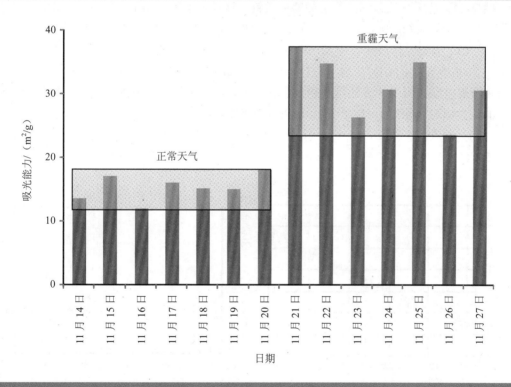

图 7-7 重霾天气会使黑碳的吸光能力增强（2005 年 11 月于上海）

　　黑碳还促进光化学烟雾的生成，直接降低能见度。根据 1998 年发表在《自然》杂志上的一篇论文，在潮湿条件下，燃烧产生的悬浮烟炱表面拥有的 C—O 和 C—H 基团会促进 NO_2 经非均相反应转化为 HNO_2，其速度是普通表面的 $10^5 \sim 10^7$ 倍，进而产生 OH 自由基，导致光化学污染[50]，对健康的影响更大了。

7.2 气候快速行动

"气候快速行动"来自英文"fast action"或"rapid action"，与此类似的说法还有"早期行动"（early action）或"紧迫行动"（urgent action），反映了人们对气候变化后果的强烈担忧和由此带来的应急心理。

7.2.1 快速行动提出的背景

（1）长寿命温室气体减排效果的滞后性

根据 IPCC 报告[51]，"气候系统变暖是毋庸置疑的，目前从全球平均气温和海温升高，大范围积雪和冰层融化，全球平均海平面上升的观测中可以看出气候系统变暖是明显的"，"自工业化时代以来，由于人类活动已引起全球温室气体排放增加，其中在 1970—2004 年增加了 70%。CO_2 是最重要的人为温室气体。1970—2004 年，CO_2 的排放增加了大约 80%"。

减排 CO_2 是所有长远气候稳定战略的关键，这是大家都认同的；但另一方面，将注意力主要集中于以 CO_2 为主体的长寿命温室气体对于气候减缓的作用在短期内是难以觉察的。加之 CO_2 的年度排放还在增长，即使是《京都议定书》的发达国家缔约方（除前苏联），它们在 2006 年全年的 CO_2 排放量也比 1990 年提高了 9.9%，而不是要求的"降低 5%"[52]。同时，发展中国家为了经济的发展和生活的改善，能源的消耗必然继续大幅度增加，随之而来的是大幅增加的 CO_2 排放[51-53]。所以，指望立即明显减排 CO_2 的思想是很冒进的，至少在近期是困难的。无疑，CO_2 大气浓度的增长还将持续下去（图 7-8），而且即便完全停止排放 CO_2，历史积累和海洋热惯性带来的升温强迫仍将继续发挥作用。

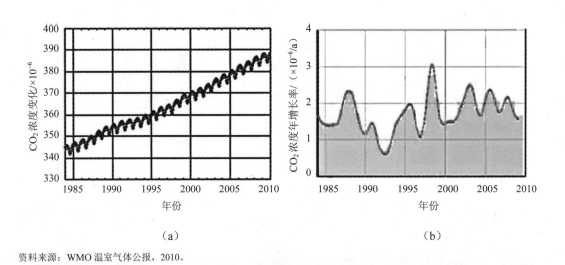

资料来源：WMO 温室气体公报，2010。

图 7-8　25 年来全球 CO_2 浓度变化（a）及年增长率（b）

（2）危险气候变化的威胁

更为严峻的是，过去几十年的观察表明，气候变化的速度比早期 IPCC 报告预计的还要快（1999—2008 年的 10 年除外），气候变化影响的地表温度比以前估计的更高，21 世纪温度变化的幅度比预测的将会更大。如果人们不采取更有效的措施，不仅可导致更多的气候极端事件，如超强降水、超强飓风、热浪及干旱，还会更进一步越过北极完全熔化、南极冰盖消失和海平面上升等一系列不可逆转的临界点（哥本哈根会议将这个温度升限设定为 2℃）。为此，近年来提出了快速行动建议，核心是在人们有能力大幅度减排 CO_2 以前，对短寿命气候致暖物采取行动，以求迅速减缓变暖趋势，为长寿命温室气体的减排和见效赢得数十年时间。

7.2.2 快速行动的主要提议及黑碳的作用

一批学者提出了快速行动计划，希望针对短寿命的气候强迫因子（short-lived climate forcers，SLCFs）开展快速行动，期待能够产生立竿见影的效果，这些行动包括四项内容[52]：

1）逐步减少生产和消费具有较高全球变暖潜势（global warming potential，GWP）的 HFCs（hydrofluorocarbons），加速淘汰 HCFCs（hydrochlorofluorocarbons），回收和销毁在废弃产品和设备中的消耗平流层 O_3 的温室气体；

2）减少黑碳的排放，优先考虑影响冰雪面积的黑碳排放，包括北极、格陵兰岛及喜马拉雅-青藏冰川地区；

3）减少导致对流层臭氧形成的气体污染物的排放，比如 NO_x、VOCs、CH_4、CO 等；

4）通过改善森林保护和增进生物碳的生产，扩大碳的生物封存能力[9]。

上面的第二、第四项内容均涉及黑碳（烟炱碳和烧焦炭），显示了黑碳在快速行动中的重要角色。需要指出的是，为了协同气候变化和空气污染的应对措施，快速行动的对象有时也称为"短寿命气候污染物"（short-lived climate pollutants，SLCPs）。

7.2.3 黑碳加入快速行动的原因

就像是伯乐相马，是否是千里马要看是否符合相关条件。同样，为快速行动寻找对象，也要看哪些是符合相关条件的。入选快速行动的 SLCF 或 SLCP 应有如下潜力[52]：在两三年内就能开始实施；5～10 年内可充分实施；在几十年内便可产生气候效果。下面的论述将会表明，黑碳完全符合上述条件。实际上，黑碳已超出了这些条件，因为强化黑碳的控制措施有更多的意义。

（1）黑碳对能量收支的影响十分明显

黑碳的致暖作用根源在于它的吸光性质，而吸光的原因恰在于它的"黑"，正是吸光性使之与气候变暖关联起来。大气中的黑碳可以吸收由地表-大气-云系统反射的太阳辐射及地球的红外辐射，降落在冰雪表面的黑碳降低了冰雪的表面反照率[54,55]；云滴和冰晶中的黑碳增强了云的吸光作用，因而降低了云的反照率[56-58]，这些作用均增加了大气层顶（TOA）的正强迫。另外，黑碳直接截留太阳辐射，和其他气溶胶一起形成大气棕色云（ABCs），造成地表变暗[59]，扰乱了大气温度的垂直分布和海陆梯度，一定程度上可以改变全球和区域的水气循环[60]。从 IPCC 第二次评估报告起，黑碳的作用就开始受到关注，到第四次评估报告发表时，黑碳的直接强迫值（RF）估计为（0.34±0.25）W/m^2[61]。最新的 IPCC 第五次评估报告认为，黑碳的直接强迫为 0.60W/m^2，其中的 0.40W/m^2 源于化石燃料和生物燃料的贡献，0.20W/m² 源于生物质开放燃烧的贡献。另外，研究表明，由于黑碳排放进入大气后，经过一个老化过程，大多数以内混合状态存在，所以它的吸光能力和对地球能量收支的影响力度比最初预计的要高[62]。Ramanathan 和 Carmichael[60]在考虑了多种影响因素之后，于 2008 年给出的直接强迫值甚至高达 0.9W/m²（0.4~1.2W/m²），如果加上对冰雪反照率的影响，则黑碳的辐射强迫约为 1.0W/m²（不含间接强迫），占同期 CO_2 辐射强迫的 60%。通过考虑工业时代的各种气候强迫机理，2013 年年初，Bond 等[63]在美国《地球物理研究学报》提出，黑碳最佳的气候强迫估值为 1.1W/m²，90%的不确定范围为 0.17~2.1W/m²，平均值仅低于 CO_2 而高于其他温室气体。很显然，按照这个逻辑，黑碳对地球的能量收支有不可低估的作用。

（2）黑碳的短寿命

正如前面提到的，黑碳因为是颗粒物的一部分，所以它的生命过程与其他颗粒物一样，有一个产生、存在和消失的过程。黑碳的最终归宿是沉降，首先是由于重力作用的干沉降，其次是受降水影响的湿沉降，这使黑碳气溶胶在大气中的存在时间一般为数天到数周，与 CO_2 的寿命长达数百年甚至上千年的尺度相比犹如弹指一挥间，也比其他大多数温室物质的生命期短。这种短寿命性质意味着，如果我们今天采取控制措施，那么数天或数周以后，就可产生期待的效应，这是多么富有吸引力又多么令人振奋啊！难怪 21 世纪初就有人大胆设想，如果今天彻底停止排放黑碳的话，不久以后黑碳将从大气中销声匿迹[63]。当然，这只不过是一个不可能实现的梦想，但启示我们可以有所作为。

（3）黑碳减排的技术主导性

黑碳与 CO_2 生成机制的不同为我们从技术的角度来减少黑碳的排放提供了可能性。通常情况下，燃烧后 CO_2 的产生量与燃料中碳元素的质量基本成正比关系，至少从理论上与燃烧方法和燃烧器具没有必然联系，即遵守 $C + O_2 = CO_2 \uparrow$ 关系。但是黑碳的产生量与燃烧的具体条件，比如通风、燃料类型及形态等因素密不可分，换句话说，CO_2 的产生量取决于能源的用量，而黑碳的排放取决于能源用量和燃烧条件，且燃烧条件所起的作用更明显，因此即使不考虑一个国家的能源使用量，仅考虑改进燃烧技术就可能大幅度减少黑碳的排放，这为发展中国家的黑碳减排提供了现实的可能性。

7.2.4 黑碳快速行动的综合意义

（1）平衡 SO_2 减排对气候目标的影响

在人类追求清洁空气的努力中，无意中改变了气溶胶这种抑制变暖的物质的浓度和组成，因而很可能削弱其对变暖的抑制作用[64]。最明显的例子是本书第 1 章就重点提到的 SO_2 的大幅度减排对气候变暖减缓的负面作用。SO_2 是大气中硫酸盐的前体物，而硫酸盐是气溶胶中光学散射能力最强因而最具致冷能力的物质，过去几十年的 SO_2 排放控制减弱了气溶胶的抑制变暖能力，尤其以发达国家的控制效果最为明显。有科学家提出，20 世纪 70—90 年代是地球升温最快的时期，这与欧洲和美国大举控制大型烟囱硫排放的行动大体一致；进入 21 世纪，由于中国电煤用量及相应的硫排放总量迅速上升，因而全球温度一改此前几十年的上升而变得平稳（http://www.economist.com/node/18175423），但愿这只是巧合，但果真如此的话，随着中国控硫措施的加强，硫的排放开始逐年减少

（http://www.gov.cn/gzdt/2010-06/04/content_ 1 620 569.htm），那么又会对区域和全球温度产生什么影响呢？新的升温周期又要到来吗？

总之，由于以 SO_2 为代表的致冷前体物的浓度下降，使气溶胶抑制变暖的能力也同时弱化。我们当然不可能为了减缓气候变暖的步伐而故意放纵 SO_2 的排放，但可以设法减少致暖的气溶胶组分，以重新提高大气气溶胶的单次散射反照率（SSA），于是黑碳成了当之无愧的"黑马"，必须担当起人类赋予的新使命，成为化解 SO_2 减排造成的负面气候影响的希望所在。

我们同样注意到国际上对黑碳与 SO_2 排放关联性的高度重视，根据 2010 年发表在《自然：地球科学》的一篇文章[65]，作者使用地面和航空两种手段观测北京、上海和黄海的烟羽，发现北京烟羽的黑碳/硫酸盐比值最高，并对净升温带来强烈的正面影响。该文作者通过检验所有烟羽的测量数据，从中发现日照吸收效率与黑碳/硫酸盐比值的高度正相关。

（2）有效减缓近期的大气升温速率

2011 年 2 月，联合国环境规划署和世界气象组织联合发布了《黑碳和对流层臭氧的综合评估》报告[66]，指出了采取快速行动并结合 CO_2 减排将有利于避免超过 2℃ 的上限目标（图 7-9），这是实施包括黑碳在内的快速行动计划的根本目的和动力。

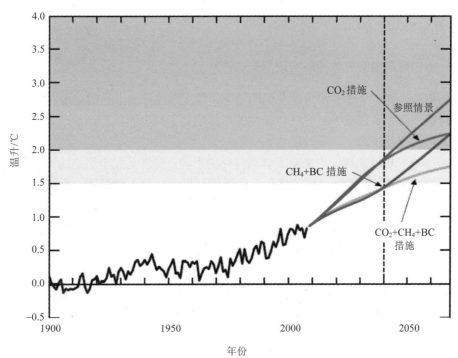

注：可以看出，单独的 CO_2 措施及单独的 CH_4+BC 措施均不能完全避免 2℃ 上限的超越，但将 CO_2 措施与 CH_4+BC 措施同时实施，则可有效避免超越温度上限。温升数值为相对于 1890—1910 年的值。

图 7-9 不同控制措施对减缓升温的影响

（3）空气质量、气候变化关联效应及协同行动的重要载体

关于黑碳与空气质量和人类健康的关系问题，本章已经进行了详细的论述，说明黑碳

控制完全可以作为空气质量和气候变化协同努力的焦点之一。2010 年 5 月，中国环保部（China MEP）和美国环境保护局（US EPA）的专家在北京举行了双边研讨会，旨在探讨如何寻求空气质量管理和气候变化的协同效果，黑碳是其中的重要议题。不仅如此，加强黑碳控制对于防止或减缓青藏高原的冰川融化，维护亚洲有关国家的淡水安全[60,67-70]，保障粮食安全和提高能源利用率都有十分重要的意义。

7.3 减少黑碳排放途径

减少黑碳排放并不是一个新生的课题，大多数也不是新的技术，我们实际要做的就是如何促进一些有效技术和措施的完善和实施。关于减少黑碳排放的途径，本章将主要倚重两个来源的资料加以介绍：一是支国瑞等发表在《气候变化研究进展》上的一篇综述，主要从技术的方面进行了分类，并在 2011 年的英文版及博士后研究报告中进行了进一步完善[71-73]；另一个是 2011 年 UNEP 和 WMO 发表的有关黑碳和对流层 O_3 的综合评估报告[66]，具体推荐了一些易于实施且效果明显的举措。通过了解黑碳减排的途径，可以更深刻地体会黑碳控制在应对空气污染和气候变化中的特殊作用。

7.3.1 关于分类的方法

7.3.1.1 通过推进温室气体控制实现黑碳的减排

我们相信，随着全球各国气候意识的增强，温室气体排放上升的局面在将来某个时候会出现转折，而大多数减少温室气体排放的举措均利于减少黑碳的排放。

（1）推广无碳能源

无论是 CO_2 还是黑碳，均来源于含碳材料的燃烧，前者是完全燃烧的产物，后者是不完全燃烧的产物（还有 CO、HC）之一。在减缓气候变暖的大背景下，全球正在推广"清洁能源"、"可再生能源"、"新能源"、"绿色能源"等，无碳能源就是其中最具价值的一类，比如太阳能、风能、核能、地热能、潮汐能、水能、海洋能、氢能等，其中以太阳能、风能和水能最受重视，这些无碳能源不仅不会排放 CO_2，也不会排放黑碳。

（2）推广低碳能源

化石燃料（如柴油和煤）的分子结构富含碳元素，燃烧过程中热能的产生源于 CO_2 的形成；而含有较少碳的燃料包含大量的氢元素，燃烧后热能的释放来自于 CO_2 和 H_2O 的生成，这样，低碳燃料会比高碳燃料在燃烧后产生较少的 CO_2。

推广低碳能源的意义与推广无碳能源其实是一致的，不仅可以减少 CO_2 的排放，而且从理论上也可以减少黑碳的排放。这些能源包括天然气、沼气、人工煤气、乙醇汽油、煤层气、可燃冰等。

（3）提高能效和节约能源

提高能效和节约能源可以相对和绝对地减少能源消耗，相当于减少了燃料的使用。在当今世界主要依赖化石燃料的状况下，通过提高能效和节约能源，不仅可以减少温室气体的排放，也自然减少了黑碳的排放。就中国而言，根据来自国家发展和改革委员会的报告，

20 世纪 80 年代以来，中国政府制定了"开发与节约并重，近期把节约放在优先地位"的方针，确立了节能在能源发展中的战略地位。通过实施《中华人民共和国节约能源法》及相关法规，制定节能专项规划，制定和实施鼓励节能的技术、经济、财税和管理政策，制定和实施能源效率标准与标识，鼓励节能技术的研究、开发、示范与推广，引进和吸收先进节能技术，建立和推行节能新机制，加强节能重点工程建设等政策和措施，有效地促进了节能工作的开展。按环比法计算，1991—2005 年的 15 年间，通过经济结构调整和提高能源利用效率，中国累计节约和少用能源约 10 亿 t 标准煤[74]。

（4）绿色行为

现代有关碳减排的关注已经延伸到人文领域，包括在生活习惯、意识形态甚至基础设施及制度设计方面的巨大变化。比如，减少污染活动需要人们在运输需求和旅行行为方面做出相应转变，而这些转变需要政府增加在基础设施方面的投资以利于大众交通工具、自行车、徒步及其他手段的更多应用[75]。

7.3.1.2 受益于空气质量控制的黑碳减排

空气质量控制远比抑制气候变暖历史悠久。空气中的颗粒物随着快速工业化的进程而增多，又随着城市化的进程而积聚于有限的区域里。发展中国家城市的霾发生频率呈上升趋势，其中的主要污染物都是 PM_{10}[76]。黑碳是室内和室外颗粒物的一部分，改善空气质量的努力一定会直接促进空气中黑碳浓度的降低。

（1）减少温室气体排放的措施均有利于减少颗粒物排放

清洁能源、新能源不仅减少了 CO_2 的排放，也减少了颗粒物进而减少了黑碳的排放。

（2）工业和电力设施的排放控制

工业和电力行业的排放控制一直是一个重点，目的是防止污染粉尘进入大气，相关的设备主要是依靠机械或非机械过程来截留和收集粉尘的[77]。总的来说，各种除尘设备均有利于黑碳的去除，但是由于黑碳颗粒的粒径很小，所以不同除尘技术的作用是有差别的。比如，单纯的机械式除尘（重力沉降、旋风、惯性除尘等）的效率与颗粒物的质量呈正相关，所以对大颗粒的去除效果更好；对于黑碳来说，采用湿除尘和电除尘的效果则应该更佳，电除尘器、文丘里除尘器及袋式除尘器对 $0\sim5\ \mu m$ 粒子的去除率均可达 90% 以上，特别是文丘里和布袋除尘器对 $0\sim5\mu m$ 粒子的去除率则高达 99% 以上，对于 $PM_{1.0}$ 的粒子都能有效去除[78]。随着除尘技术的进步和排放标准的提升，来自电力和大工业的这些大型设备的黑碳及颗粒物排放还会继续减少。

（3）交通运输行业的颗粒物去除

虽然发达国家（如欧美国家）严格的排放控制已经降低了与运输方面相关的黑碳排放，但目前快速膨胀的车辆队伍可能使黑碳排放量重新抬头。另外，还有一些非道路运输工具，诸如海运船舶、火车、农用车辆及建筑工程设备，由于形式多样和位置分散，相应的管理工作难度极大，所以将来的监管工作应设法覆盖这个领域，最好的办法是在柴油车辆上安装壁流过滤器，这种过滤器对于超低硫油料的效果尤为显著。对于重型柴油车以及摩托车、轻型汽油车辆和轻型柴油车辆，安装这样的过滤器可产生立竿见影的效果[75]。

（4）控制道路二次起尘

道路的积尘中含有 1%以上的黑碳。各种排放源排放的大量一次颗粒物落在道路上以后，可以被运动的车辆多次扬起，对大气气溶胶的贡献不可小视[79]，但往往被忽略。可以考虑在城区和污染严重地区，采取清扫、洒水、绿化、硬化等措施，有效减少二次扬尘的影响。

（5）推广集中供暖

集中供暖采用大型燃烧设备，其颗粒物的排放率比分散燃烧相对较低，加之容易加装和管理除尘设备，所以可有效降低颗粒物的排放[77]。

总之，通过加强已有的颗粒物控制措施，实际上也相应减少了黑碳的排放。

7.3.1.3 从燃烧的角度控制黑碳的排放

认识黑碳与 CO_2 产生机理的差别，使人们有条件从控制燃烧的角度来减少黑碳的排放。前面已经介绍了这种差别，启示我们只要提高燃烧的完全性，黑碳的产生量自然就能降下来，这为单独控制黑碳产生量（基本不改变 CO_2 的产生量）提供了理论依据。

有两个行业将得益于这一措施，它们是居民生活和交通部门。

（1）居民燃烧用能

根据以往的经验，要创造适合于黑碳减排的燃烧环境，主要应强调燃具和燃料的改进工作[80]。从全球来看，生活部门产生了 24%的黑碳，其中 18%为生物质燃料，6%为化石燃料。在中国，生活方面之所以成为黑碳最大的排放来源，原因在于大量燃烧原煤或生物质的炉具没有加装除尘装置[77,81]。以家用燃煤为例，最近几年，我们[82-85]在系统测定燃煤排放因子的基础上，发现通过炉具改进和使用蜂窝煤两项措施，可以基本解决我国家庭燃煤的黑碳排放问题（图 7-10a）。值得注意的是，这种措施还会带来烟气中黑碳与有机碳（BC/OC）比值的大幅度降低[68]，因而提高排放颗粒物的单次散射反照率（SSA）有利于抑制气候变暖[15,30,86,87]（图 7-10b）。

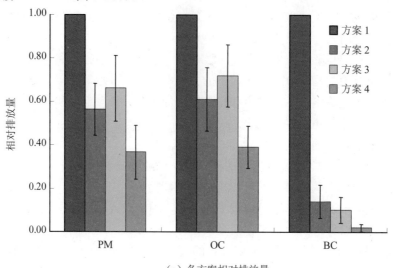

（a）各方案相对排放量

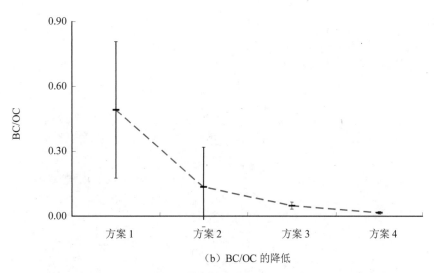

（b）BC/OC 的降低

注：方案 1：传统煤炉/煤块；方案 2：改进炉/煤块；方案 3：传统煤炉/蜂窝煤；方案 4：改进炉/蜂窝煤。

来源：Zhi 等，2009。

图 7-10　炉具改进和使用型煤对减排黑碳等颗粒物的效果

在中国，推广使用高效炉具和蜂窝煤已经有了很长时间[88,89]，近年生物质压块及新型生物质炉具受重视的程度也在不断提高[90]。在国外，也有推广清洁炉具的行动[91,92]，但是这些行动只有在政府的推动和支持，甚至国际 CDM 合作的背景下，才能在短期内见到成效。推广型煤的工作还应关注农村砖窑及乡镇企业用煤，同时考虑加装除尘设备。

（2）交通部门

除了前面介绍的颗粒物捕集措施外，通过技术创新以优化油料燃烧也是广泛使用的减排措施。提高发动机燃料效率的成熟技术已经存在，像分层充气燃烧技术、均质稀释技术、汽油直接喷射技术、电子控制发动机技术、点火系统的改进技术、燃烧室结构的改进技术等措施，均可提高燃烧的完全性[93]。同时，推进柴油去硫以及更新、提升汽车排放标准是从整体上减少排放的最佳手段[94]。

7.3.1.4　干预野外开放式燃烧

如果生物质（如森林）开放燃烧以后又能重新补充，那么这种燃烧并不会增加空气中的 CO_2 存在量，但是这种燃烧过程可能并不是想象的这么简单[95]。这些燃烧一部分属自然引发，如森林草原大火，另一部分属人为烧荒和耕地清理行为[59,96]（图 7-11）。从能源的角度来看，这种燃烧释放的能量不能为人类所利用，因而是一种巨大的浪费；从环境的角度来看，它又是一种纯粹的大气污染行为，危害人类的健康[97]；从碳排放的角度看，这种燃烧构成了接近一半的全球黑碳排放[30]；从气溶胶影响全球能量收支平衡的角度看，IPCC 第三次评估报告曾评估生物质开放燃烧带来的辐射强迫为 –0.2 W/m²[98]，但在第四次评估报告中，这个值为（0.03±0.12）W/m²[61]，主要考虑了这些气溶胶的垂直浓度分布对云反照率的影响[99]，显示了开放式生物质燃烧总体上也有可能导致增温。

基于以上原因，迫切需要各国有所作为。对于自然的燃烧行为，应考虑控制和扑灭行动，这个方面中国政府付出了巨大努力并取得了良好的成效；对于人为的土地清理，应考虑采取经济引导、技术支持及法律约束的措施，制定森林保护规划，反对非法采伐活动。当前情况下，特别是在抑制北极冰层融化的期望中，要求北半球国家特别是环北极国家做出共同努力，包括减少化石燃料和生物质燃烧的污染，在春季融冰季节更应强化。

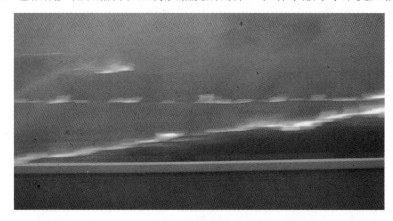

注：此图于 2012 年 6 月 14 日拍摄于从上海开往北京的高铁列车上，"火烧连营"的现实版。

图 7-11　疯狂的农业焚烧行为

7.3.2　UNEP 和 WMO 联合评估报告（摘要）中建议的方法

联合评估报告提出了 9 项具体措施以快速和大幅减少黑碳及 CH_4 的排放，见表 7-1。

表 7-1　有利于减缓气候变化和改善空气质量且有较大减排潜力的措施

措施[1]	部门
（1）道路和非道路车辆加装柴油颗粒过滤器	交通运输
（2）消除道路和非道路的高排放车辆	
（3）炊暖用煤采用型煤替代	居民生活
（4）用回收的木柴废料及锯末制成的燃料在球团炉或锅炉中使用，代替目前工业化国家居民的燃柴技术	
（5）发展中国家引入清洁生物质炉用于炊暖[2][3]	
（6）发展中国家以使用现代燃料的清洁炊事炉代替传统的生物质炉[2][3]	
（7）用立窑和霍夫曼窑替代传统砖窑	工业
（8）发展中国家以现代可回收焦炉代替传统焦炉，包括用于管道末端减排的改进措施	
（9）禁止农业废物的露天焚烧[2]	农业

注：① 可以执行的措施实际上不止表中列举出来的，比如，使用电动汽车与加装柴油颗粒过滤器的效果类似，但是电动汽车并未普及；又如，控制森林火灾也很重要，但是也没有包含在本表中，这是由于很难确认这些火灾中有多大比例是人为的。

　　② 部分是基于健康和区域气候的目的，包括冰雪区。

　　③ 考虑到炊事炉对黑碳排放的重要性，故有两种可供选择的措施。

资料来源：UNEP，2009。

评估摘要虽然不能结束关于黑碳是否影响和能多大程度影响气候变化的相关科学探索和争论，但是，鉴于黑碳及对流层 O_3 均是影响人类健康的有害物质和 UNEP 及 WMO 对国际气候谈判的重要影响，我们还是应给予高度重视。评估摘要列举了黑碳减排的 9 项措施（表 7-1），认为这 9 项措施中每一项的净效果是降低辐射强迫，即已经考虑了在同一排放中吸光黑碳和散光有机碳及其他成分同时减排的情形。

7.3.3　黑碳从来都是与其他多种污染物共同排放的

我们强调黑碳的控制必须联系与黑碳共同排放的其他物质的作用，因为除黑碳以外的其他大多数成分（比如有机碳 OC、无机盐等）虽然也是污染物，但其气候作用往往是制冷的。因此，评价一种控制手段的纯气候效应应该是对多污染物的综合评估而不是只对黑碳一个组分。从这个角度来说，重点控制那些烟气中黑碳份额比较高的燃烧过程（比如柴油车、烟煤燃烧……）才是实现气候和空气质量双赢的选择。

7.4　黑碳的碳捕集和储存（CCS）

生物炭（biochar）封存举措降低了大气中碳的浓度。受控的生物炭制作过程开始于缺氧状态下的生物质分解，结束于类似木炭的生物炭形态[100]。生物炭在土壤中的储存年限从数百年到数万年[101]，期间可以发挥更多的效用，比如改良土壤或增加肥效[101,102]。

有人建议将农作物残余从"即砍即焚烧"（slash and burn）到"即砍即炭化"（slash and char）的转变[103]。根据国际生物炭计划（International Biochar Initiative）的报告，仅生物质废料一项的潜力在 2040 年以前就可以每年减少 10^9 t 的碳或 $3.67×10^9$ t 的 CO_2 排放[104]。生物炭技术为研究 CCS 技术的科学家所关注，并被列入快速行动战略之中[52]。

当然，关于生物炭的作用也有一些疑虑，有研究人员怀疑土壤黑碳（以生物炭形式存在）是否能真的改良土壤而不是破坏土壤，还有人怀疑生物炭是否能永远或较长时间地存留在土壤中而不会轻易地重返大气层[105,106]，因此还需要进行更多的研究工作。

7.5　黑碳政治

当 1992 年《联合国气候变化框架公约》发表的时候，黑碳的气候问题还没有进入人们的视野；当《京都议定书》发布的时候，黑碳也是无足轻重的，所以也没有包含在内。十几年以后，第五个 IPCC 报告发表的时候（2014 年），黑碳的角色已经显得非常重要，这是我们都必须有所准备的，UNEP 和 WMO 发布的专门评估报告已经起到了奠基的作用。（作者注，2014 年发布的 IPCC 第五个评估报告已经对黑碳的气候影响给出更高的辐射强迫值）

我们有两个担心：某些发达国家可能以黑碳为由对发展中国家提出要求，将气候变化减缓的担子过多地推给发展中国家；或者以黑碳为借口，采取黑碳与 CO_2 挂钩的战术，使国际气候谈判横生枝节，对几十年来全球取得的已有气候成果造成威胁。实际上，黑碳政治化的苗头早有显示，今后在某个时候可能会更强烈，需要我们有所警惕。

无论怎么说，减排黑碳是一个机遇，是人类应对气候变化的一个新抓手，况且减少黑碳排放也是提高空气质量、改善能源效率、增进公众健康的一项有益举措，因此是空气污染和气候变化协同行动的结合点之一，相信人类能绕过政治险滩，达到理想的彼岸。

结语

> 虽然黑碳是人们厌恶的角色，因为它的存在，墙黑了、家具黑了、脸黑了、鼻孔黑了、肺黑了……但自从发现它有气候致暖效应以来，科学家如获至宝，因为它不像 CO_2 那样顽固地、长期地存在于大气中，而是像流星一样在大气中稍纵即逝；更重要的是，它可以通过改进燃烧技术来实现大幅度的减排，于是仿佛成了控制空气污染和应对气候变化的法宝。黑碳减排是一个机遇，是人类应对气候变化的一个新抓手，况且减少黑碳排放也是提高空气质量、改善能源效率、增进公众健康的一项有益举措。问题的关键是，不要因为黑碳误了 CO_2，"捡了芝麻，丢了西瓜"。

参考文献

[1] Schmidt C W. Black carbon the dark horse of climate change drivers[J]. Environmental Health Perspectives，2011，119（4）：A172-A175.

[2] Subramanian R，Khlystov A Y，Cabada J C，et al. Positive and negative artifacts in particulate organic carbon measurements with denuded and undenuded sampler configurations[J]. Aerosol Science and Technology，2004，38（S1）：27-48.

[3] Watson J G，Chow J C，Chen，L-W A，et al. Methods to assess carbonaceous aerosol sampling artifacts for IMPROVE and other long-term networks[J]. Journal of Air & Waste Management Association，2009，59：898-911.

[4] Mertes S，Dippel B，Schwarzenböck A. Quantification of graphitic carbon in atmospheric aerosol particles by Raman spectroscopy and first application for the determination of mass absorption efficiencies[J]. Journal of Aerosol Science，2004，35：347-361.

[5] Rosen H，Novakov T. Raman-scattering and characterization of atmospheric aerosol particles[J]. Nature，1977，266：708-710.

[6] Goldberg E D. Black carbon in the environment[M]. New York，USA：John Wiley & Sons，1985.

[7] Kuhlbusch T A J. Black carbon in soils，sediments，and ice cores// Meyers R A，ed. Environmental analysis and remediation. Toronto，Canada：John Wiley & Sons，1997：813-823.

[8] Masiello C. A. New directions in black carbon organic geochemistry[J]. Marine Chemistry，2004，92：201-213.

[9] Pöschl U. Atmospheric aerosols：composition，transformation，climate and health Effects[J]. Angewandte Chemie International Edition，2005，44：7520-7540，doi：10.1002/anie.200501122.

[10] Gelencsér A. Carbonaceous Aerosol[M]. Dordrecht：Springer Netherlands，2004.

[11] Andreae M O，Gelencsér A. Black carbon or brown carbon？ The nature of light-absorbing carbonaceous

aerosols[J]. Atmospheric Chemistry and Physics，2006，6：3131-3148.

[12] Kirchstetter T W，Novakov T，Hobbs P V. Evidence that the spectral dependence of light absorption by aerosols is affected by organic carbon[J]. Journal of Geophysical Research，2004，109，D21208，doi：10.1029/2004JD0004999.

[13] Lewis K，Arnott W P，ller H M，et al. Strong spectral variation of biomass smoke light absorption and single scattering albedo observed with a novel dual-wavelength photoacoustic instrument[J]. Journal of Geophysical Research，2008，113，D16203，doi：10.1029/2007JD009699.

[14] Bond T C. Spectral dependence of visible light absorption by carbonaceous particles emitted from coal combustion[J]. Geophysical Researcal Letters，2001，28（21）：4075-4078.

[15] Bond T C，Covert D S，Kramlich J C，et al. Primary particle emissions from residential coal burning：optical properties and size distributions[J]. Journal of Geophysical Research，2002，107（D21）：8347，doi：10.1029/2001JD000571.

[16] Pöschl U. Aerosol particle analysis：challenges and progress[J]. Anal Bioanal Chem，2003，375：30-32.

[17] Elmquist M，Cornelissen G，Kukulska Z，et al. Distinct oxidative stabilities of char versus soot black carbon：Implications for quantification and environmental recalcitrance[J]. Global Biogeochemical Cycles，2006，20，GB2009，doi：10.1029/2005gB002929.

[18] Penner J E，Novakov T. Carbonaceous particles in the atmosphere：An historical perspective to the Fifth International Conference on Carbonaceous Particles in the Atmosphere[J]. Journal of Geophysical Research，1996，101：19373-19378.

[19] Brimblecombe P. Air pollution in industrializing England[J]. Journal of Air Pollution Control Association，1978，28（2）：115-118.

[20] Faraday M. Chemical History of a Candle[M]. New York：Harper，1861.

[21] Brosset C，Andreasson K，Ferm M. Nature and possible origin of acid particles observed at Swedish West Coast[J]. Atmospheric Environment，1975，9：631-642.

[22] Rodhe H，Persson C，Akesson O. An investigation into regional transport of soot and sulfate aerosols[J]. Atmopheric Environment，1972，6：675-693.

[23] Rosen H，Novakov T，Bodhaine B A. Soot in the Arctic[J]. Atmospheric Environment，1981，15（8）：1371-1374.

[24] Crutzen P J，Birks J W. The Atmosphere after a nuclear-war-Twilight at noon[J]. Ambio，1982，11（2-3）：114-125.

[25] Turco R P，Toon O B，Ackerman T P，et al. Nuclear winter-Global consequences of multiple nuclear explosions[J]. Science，1983，222：1283-1292.

[26] Andreae M O. Soot carbon and excess fine potassium：Long range transport of combustion-derived aerosols[J]. Science，1983，220：1148-1151.

[27] 袁道先. 地球系统的碳循环和资源环境效应[J]. 第四纪研究，2001，21（3）：223-232.

[28] Mackenzie F T，Mackenzie J A. An introduction to Earth system science and global environmental change[M]. New Jersey：Prentice Hall，1995.

[29] Kuhlbusch T A J. Black carbon and the carbon cycle[J]. Science，1998，280：1393-1394.

[30] Bond T C，Streets D G，Yarber K F，et al. A technology-based global inventory of black and organic carbon emissions from combustion[J]. Journal of Geophysical Research，2004，109，D14203. doi：10.1029/2003JD003697.

[31] Chow J C，Watson J G，Lowenthal D H，et al. Black and organic carbon emission inventories：review and application to California[J]. Journal of the Air & Waste Management Association，2010，60（4），497-507.

[32] Cooke W F，Liousse C，Cachier H，et al. Construction of a fossil fuel emission data set for carbonaceous aerosol and implementation and radiative impact in the ECHAM4 model[J]. Journal of Geophysical Research，1999，104：22137-22162.

[33] Cooke W F，Wilson J J N. A global black carbon aerosol model[J]. Journal of Geophysical Research，1996，101：19395-19409.

[34] Liousse C，Penner J E，Chuang，C，et al. A global three -dimensional model study of carbonaceous aerosols[J]. Journal of Geophysical Research，1996，101：19411-19422.

[35] Penner J E，Eddleman H，Novakov T. Towards the development of a global inventory for black carbon emissions[J]. Atmospheric Environment，1993，27A：1277-1295.

[36] Bond T C，Doherty S J，Fahey D. W.，et al. Bounding the role of black carbon in the climate system：A scientific assessment[J]. Journal of Geophysical Research，2013，doi：10.1002/jgrd.50171.

[37] Ito A，Penner J. E. Historical emissions of carbonaceous aerosols from biomass and fossil fuel burning for the period 1870-2000[J]. Global biogeochemical cycles，2005，19，GB2028，doi：10.1029/2004gB002374

[38] Junker C，Liousse C. A global emission inventory of carbonaceous aerosol from historic records of fossil fuel and biofuel consumption for the period 1860-1997[J]. Atmospheric Chemistry and Physics，2008，8：1195-1207.

[39] Novakov T，Ramanathan V，Hansen J E，et al. Large historical changes of fossil-fuel black carbon aerosols[J]. Geophysical Researcal letters，2003，30（6）：1324，doi：10.1029/2002GL016345.

[40] Pope C A，Dockery D W. Health effects of fine particulate air pollution：lines that connect[J]. Journal of Air & Waste Management Association，2006，56：709-742.

[41] WHO. Health aspects of air pollution with particulate matter，ozone and nitrogen dioxide[M]. Bonn：WHO Press，2003.

[42] Highwood E J，Kinnersley R P. When smoke gets into our eyes：The multiple impacts of atmospheric black carbon on climate，air quality and health[J]. Environment International，2006，32：560-566.

[43] Schins R P F，Lightbody J H，Borm P J A，et al. Inflammatory effects of coarse and fine particulate matter in relation to chemical and biological constituents[J]. Toxicology and Applied Pharmacology，2004，195（1）：1-11.

[44] Knaapen A M，Borm P J A，Albrecht C，et al. Inhaled particles and lung cancer. Part A：Mechanisms[J]. International Journal of Cancer，2004，109：799-809.

[45] Borm P J A，Shins R P F，Albrecht C. Inhaled particles and lung cancer：Part B. Paradigms and risk assessment[J]. International Journal of Cancer，2004，110：3-14.

[46] Gilmour P S，Ziensis A，Morrison E R，et al. Pulmonary and systemic effects of short-term inhalation exposure to ultrafine carbon black particles[J]. Toxicol Appl Pharmacol，2004，195：35-44.

[47] Nemmar A，Hoylaerts M F，Hoet P H M，et al. Possible mechanisms of the cardiovascular effects of inhaled particles：systemic translocation and prothrombotic effects[J]. Toxicology Letters，2004，149：243-253.

[48] Wilson M R，Lightbody J H，Donaldson K，et al. Interactions between ultrafine particles and transition metals in vivo and in vitro[J]. Toxicology and Applied Pharmacology，2002，184：172-179.

[49] 高歌. 1961—2005 年中国霾日气候特征及变化分析[J]. 地理学报，2008，63（7）：761-768.

[50] Ammann M，Kalberer M，Jost D T，et al. Heterogeneous production of nitrous acid on soot in polluted air masses[J]. Nature，1998，395：157-160.

[51] IPCC. Climate Change 2007：Synthesis Report. Contribution of Working Groups I，II and III to the Fourth Assessment Report of the Intergovernmental Panel on Climate Change 2007.

[52] Molina M，Zaelke D，Sarma K M，et al. Reducing abrupt climate change risk using the Montreal Protocol and other regulatory actions to complement cuts in CO_2 emissions[J]. Proceedings of the National Academy of Sciences USA，2009，106（49）：20616-20621.

[53] Ramanathan V，Xu Y. The Copenhagen Accord for limiting global warming：Criteria，constraints，and available avenues[J]. Proceedings of the National Academy of Sciences USA，2010，107（18）：8055-8062.

[54] Cess R. D. Arctic aerosols：Model estimates of interactive infl uences upon the surface-atmosphere clear-sky radiation budget[J]. Atmopheric Environment，1983，17：2555-2564.

[55] Clarke A，Noone K. Soot in the Arctic：a cause for perturbation in radiative transfer[J]. Journal of Geophysical Research，1985，19：2045-2053.

[56] Jacobson M. Z. Effects of absorption by soot inclusions within clouds and precipitation on global climate[J]. Journal of Physical Chemistry，2006，110：6860-6873.

[57] Mikhailov E F，Vlasenko S S，Podgorny I A，et al. Optical properties of soot-water drop agglomerates：an experimental study[J]. Journal of Geophysical Research，2006，111，doi：10.1029/2005JD006389.

[58] Warren S，Wiscombe W. Dirty snow after nuclear war[J]. Nature，1985，313：467-470.

[59] Bond T. C. Black carbon and climate change. Testimony for the House Committee on Oversight and Government Reform United States House of Representatives，October 18，2007.

[60] Ramanathan V，Carmichael G. Global and regional climate changes due to black carbon[J]. Nature Geoscience，2008，1：221-227.

[61] IPCC. Climate change 2007：The physical science basis. Contribution of working group I to the fourth assessment report of the Intergovernmental Panel on Climate Change. （Solomon S，D. Qin M，Manning Z，ed）. Cambridge：Cambridge University Press，United Kingdom and New York，NY，USA，2007.

[62] Jacobson M Z. Strong radiative heating due to the mixing state of black carbon in atmospheric aerosols[J]. Nature，2001，409：695-697.

[63] Andreae M O. The dark side of aerosols[J]. Nature，2001，409：671-672.

[64] Arneth A，Unger N，Kulmala M，et al. Clean the Air，Heat the Planet?[J]. Science，2009，326（5953）：672-673.

[65] Ramana M V，Ramanathan V，Feng Y，et al. Warming influenced by the ratio of black carbon to sulphate and the black-carbon source[J]. Nature Geoscience，2010，doi：10.1038/NGEO918.

[66] UNEP，WMO. Integrated assessment of black carbon and tropospheric ozone-Summary for decision makers，2011.

[67] Barnett T P，Adam J C，Lettenmaier D P. Potential impacts of a warming climate on water availability in

snow-dominated regions[J]. Nature，2005，438：303-309.

[68] IPCC Climate Change 2007：Impacts，Adaptation and Vulnerability（Asia）. Contribution of Working Group II to the Fourth Assessment Report of the Intergovernmental Panel on Climate Change，eds Parry ML，et al.（Cambridge Univ Press，Cambridge，UK），2007：469-506.

[69] Qiu J. The third pole[J]. Nature，2008，454：393-396.

[70] Ramanathan V，Feng Y. Air pollution，greenhouse gases and climate change：Global and regional perspectives[J]. Atmospheric Environment，2009，43：37-50.

[71] 支国瑞，张小曳，胡秀莲，等. 可持续发展背景下的黑碳减排[J]. 气候变化研究进展，2009，5（6）：318-327.

[72] Zhi G，Zhang X，Cheng H，et al. Practical paths towards lowering black carbon emissions[J]. Advances in Climate Chang Research，2011，2（1），doi：10.3724/SP.J.1248.2011.00012.

[73] 支国瑞. 可持续发展背景下的黑碳减排途径及政策思索[D]. 北京：中国气象科学研究院，2011.

[74] 中华人民共和国国家发改委. 中国应对气候变化国家方案，2007.

[75] ICCT. A policy-relevant summary of black carbon climate science and appropriate emission control strategies. 2009. http://www.theicct.org/pubs/BCsummary_dec09.

[76] Chang D，Song Y，Liu L. Visibility trends in six megacities in China 1973-2007[J]. Atmospheric Environment，2009，94（2）：161-167.

[77] Streets D G，Gupta S，Waldhoff S T，et al. Black carbon emissions in China[J]. Atmospheric Environment，2001，35：4281-4296.

[78] 李连山. 大气污染治理技术[M]. 武汉：武汉理工大学出版社，2009.

[79] 汤大钢. 中国道路交通源的黑碳气溶胶问题//黑碳气溶胶的环境及气候影响与控制. 北京：清华大学能源基金会，2009.

[80] Streets D G，Aunan K. The importance of China's household sector for black carbon emissions[J]. Geophysical Researcal Letters，2005，32，L12708，doi：10.1029/2005gL022960.

[81] Cao G L，Zhang X Y，Wang D，et al. Inventory of black carbon and organic carbon emissions from China[J]. Atmospheric Environment，2006，40：6516-6527.

[82] Chen Y，Sheng G，Bi X，et al. Emission factors for carbonaceous particles and polycyclic aromatic hydrocarbons from residential coal combustion in China[J]. Environmental Science and Technology，2005，39：1861-1867.

[83] Chen Y，Zhi G，Feng Y，et al. Measurements of emission factors for primary carbonaceous particles from residential raw-coal combustion in China[J]. Geophysical Research Letters，2006，33，L20815，doi：10.1029/2006gL026966.

[84] Zhi G，Chen Y，Feng Y，et al. Emission characteristics of carbonaceous particles from various residential coal-stoves in China[J]. Environmental Science & Technology，2008，42（9）：3310-3315.

[85] Zhi G，Peng C，Chen Y，et al. Deployment of coal-briquettes and improved stoves：possibly an option for both environment and climate[J]. Environmental Science & Technology，2009，43（15）：5586-5591.

[86] Hansen J，Sato M，Ruedy R，et al. Efficacy of climate forcings[J]. Journal of Geophysical Research，2005，110，D18104，doi：10.1029/2005JD005776.

[87] Streets D G. Dissecting future aerosol emissions：warming tendencies and mitigation opportunities[J]. Climatic Change，2007，81：313-330.

[88] Smith K R，Gu S，Huang K，et al. One hundred million improved cookstoves in China：How was it done？[J]. World Development，1993，21（6）：941-961.

[89] 俞珠峰，吕文斌. 洁净煤技术及其在我国能源消费结构调整中的作用[J]. 中国能源，2001（5）：13-18.

[90] 苏俊林，赵晓文，王巍. 生物质成型燃料研究现状及进展[J]. 节能技术，2009，27（2）：117-120.

[91] Kishore V V N，Ramana P V. Improved cookstoves in rural India：how improved are they？A critique of the perceived benefits from the National Programme on Improved Chulhas（NPIC）[J]. Energy，2002，27（1）：47-63.

[92] Zuk M，Rojas L，Blanco S，et al. The impact of improved wood-burning stoves on fine particulate matter concentrations in rural Mexican homes[J]. Journal of Exposure Science and Environmental Epidemiology，2007，17（3）：224-232.

[93] 王晓东. 汽车尾气污染形成原因及其净化措施[J]. 创新科技，2004（2）：41.

[94] 姜学峰. 日本制订全球最严格的尾气排放标准规定[J]. 道路交通与安全，2008，8（2）：33.

[95] Searchinger T D，Hamburg S P，Melillo J，et al. Fixing a critical climate accounting error[J]. Science，2009，326：527-528.

[96] Law K S，Stohl A. Arctic air pollution：origins and impacts[J]. Science，2007，315：1537-1540.

[97] Smith K R. Health，energy，and greenhouse-gas impacts of biomass combustion in household stoves[J]. Energy for Sustainable Development，1994，1（4）：23-29.

[98] IPCC. Climate Change 2001：The Scientific Basis[M]. UK：Cambridge University Press，2001.

[99] Abel S J，Highwood E J，Haywood J M，et al. The direct radiative effect of biomass burning aerosol over southern Africa[J]. Atmospheric Chemistry and Physics Discussions，2005，5：1165-1211.

[100] Winsley P. Biochar and bioenergy production for climate change mitigation[J]. New Zealand Science Review，2007，64（1）：5-10.

[101] Sohi S，Lopez-Capel E，Bol R. 2009. Biochar's roles in soil and climate change：A review of research needs.（Land and Water Science Report）. Clayton，Australia：CSIRO.

[102] Fowles M. Black carbon sequestration as an alternative to bioenergy[J]. Biomass and Bioenergy，2007，31（5）：426-432.

[103] Lehmann J，Gaunt J，Rondon M. Bio-char sequestration in terrestrial ecosystems-A review[J]. Mitigation and Adaptation Strategies for Global Change，2006，11：403-427.

[104] IBI. How much carbon can biochar systems offset - and when？http://www.biochar-international.org/images/final_carbon_wpver2.0.

[105] Hamer U，Marschner B，Brodowski S，et al. Interactive priming of black carbon and glucose mineralisation[J]. Organic Geochemistry，2004，35（7）：823-830.

[106] Lehmann J. Bio-energy in black[J]. Frontiers in Ecology and the Environment，2007，5（7）：381-387.

第 8 章

地球工程：天地狂想曲?

导语

严重的火山暴发对地球上的人类来说是一种可怕的灾难，还会造成严重的环境污染，但是从理论和实践的角度来看，这种污染也会带来地球的降温，因而这引发了气候学家的超前思索，设想通过工程手段干预地球的能量收支，制造类似于火山暴发的气候效果，称为地球工程。福兮? 祸兮?

8.1 地球工程的提出

8.1.1 地球工程的提出——作为一个选项

如果人类没有控制未来气候变化的措施，那么与 1990 年相比，在 21 世纪末全球温升可能在 1~6℃[1]，其 90%的置信区间在 1.7~4.9℃[2]。考虑到全球升温的不均匀性，某些陆地区域的升温可能更高，对人类的可持续发展构成直接威胁（图 8-1）。

图片来源：http://www.tjrb.com.cn/rollnews/201010/t20101015_2082418.html。

图 8-1 气候变化的挑战

当今应对气候变暖的思路主要包括两类：第一类叫减缓（mitigation），核心是降低以 CO_2 为代表的温室气体的排放，从而从根本上消除或控制气候变暖的物质基础[3]。但是，减缓的努力面临着经济、技术甚至政治的挑战，实现温室气体的减排目标始终具有很大的不确定性，人们因而担心 2℃（较工业革命前）的升温上限是否会成为空中楼阁。就在上一章，我们介绍了国际快速行动设想，试图从黑碳及对流层 O_3 入手，来为温室气体的减排腾出数十年的缓冲时间，以便加强能力建设，使人类可以承受温室气体减排对经济和生活秩序的冲击。但必须承认，即使人类到某个时候真的实现了零排放，气候变暖的脚步依然不会停止，海平面的上升也会继续，主要是由于来自海洋的热惯性会继续存在几十年，况且我们距离零排放还遥不可及[4,5]。至于第二条思路，即适应（adaptation），则是人类在必须承受变暖的后果时，努力增强对这种变化的调适能力，实际是在不得已的情况下采取的自我保护措施，对气候变化本身并没有直接作用。我们有必要假定，如果气候变暖的程度已经超过了人类的适应能力范围，我们将如何生存？移民火星吗？那是科幻小说里的情节，实际上火星上的气候比地球最坏的结果还要坏。

人类之所以称为高级动物还在于人类认识自然、利用自然和改造自然的能力，在应对气候变化方面，也不乏独出心裁的想法，比如在"减缓"和"适应"的同时，又勾勒出第三种思路：以工程的手段干预地球的能量收支，主要是减少能量的获取，以避免持续的升温对地球环境和人类生存的威胁，称为"地球工程"（Geoengineering）（图 8-2）。乍听起来如同雾里看花，人们要怎样对这个蓝色的星球"动手"，使之适应人类的需要？通过实施地球工程，真的能够抑制温度上升并稳定在人类可以接受的较低水平吗？

图片来源：http://ask.homevv.com/viewnote/view/cid-2678.jhtml。

图 8-2　想想办法，对地球施以工程手段解决气候变暖问题

8.1.2　走进历史

虽然"地球工程"这个称谓只是最近几十年才开始使用的概念，但为了某种目的而考虑大规模的环境操纵则酝酿了几百年。18 世纪 90 年代，Thomas Jefferson 提出了用美国气候"指数"来记录由于人类森林清理和湿地排干而带来的变化[6]。到了 19 世纪 30 年代，美国被称为"风暴之王"（Storm King）的气象学家 James Pollard Espy 建议通过人工影响森林燃烧来激发降雨[7]。1905 年 Arrhenius 天真地向大家展示了一个充满诱惑的光环：随着人类社会化石燃料使用的增加及由此带来的气候变暖，会使农业线向北扩展，继而粮食产量得到提高，因此可以养活更多的人口[8]。与此相类似，Eckholm 探讨了提高 CO_2 浓度对于气候和植物生长的益处，提出了通过工程手段提高 CO_2 排放量进而人工影响气候的可能性[9]。显然，这些 20 世纪早期提出的人工影响气候的设想均是乐观地看待因化石燃料使用而增加的大气 CO_2 排放及引起的变暖效果，与今天人们的"恐碳"、"恐热"心理形成了鲜明的对比，也体现了人类认识自然的能力由低到高、由片面到全面的发展过程。

第二次世界大战以后的 20 世纪 50—60 年代，"人工影响天气和气候"及"天气控制"进入天气学研究的前沿领域甚至研究核心，主要是受当时冷战形势和冷战思维的影响，两大阵营的美国和苏联都投入了大量的人力、物力和财力企图占领先机，实际上是在进行一个天气控制的国际竞赛。美国战略空军司令部的一位将军甚至扬言，谁控制了天气（注意，是天气，不是天空），谁就控制了世界，显然是将天气战作为一种新的战争方式，将天气操纵变成一种杀人不见血的武器[6]。也有人建议堵塞直布罗陀海峡和白令海峡（图8-3），使西伯利亚地区变得温暖，更适合人类生活[10]。我们今天所谓的"气候影响"（climate impacts）当时只是被称为"无意的气候变动"，从这个意义上说，今天所谓的地球工程与当时的 "人工影响天气和气候"看上去有些类似，但不是没有区别，主要是"人工影响天气和气候"的目的是为了改善自然状态或减轻自然危害，而我们今天所谓的地球工程却是为了减轻人类活动造成的（而非自然产生的）变暖危机，所以"人工影响天气和气候"不是今天严格意义上的地球工程[11]，但为今天的地球工程提供了一些理论基础和研究方法。

8.1.3　地球工程的核心属性

"地球工程"是个组合词，"地球"我们不用多解释，"工程"二字则一般指"应用科学将自然资源以最佳的状态为人所用"[12]。地球工程演化到今天，被赋予三个核心属性：第一，工程必须是大规模的；第二，工程的意图是为了影响环境演变或结果（改变或维持）；第三，工程的结果是弥补 CO_2 引起的气候变暖。这是我们在区分地球工程与其他类似的气候效应时可以依托的判据。首先，规模和意图是核心，能够称为地球工程、实现符合人类需要的环境状态必须是行动的直接目标而非副作用，且意图和影响必须是大规模的，而非小规模，一般要有从洲到全球的尺度。有两个例子可以用来说明规模和意图的重要作用。一个是关于观赏园艺，有目的而没有规模，因为它是通过有目的地改造环境来满足人类的期待，但是这种改造从设计到实效都没有赋予"大规模"的属性，因而不能称为地球工程；另一个例子是 CO_2 排放对全球气候的影响，是有规模没意图，因为 CO_2 的排放虽然在规模

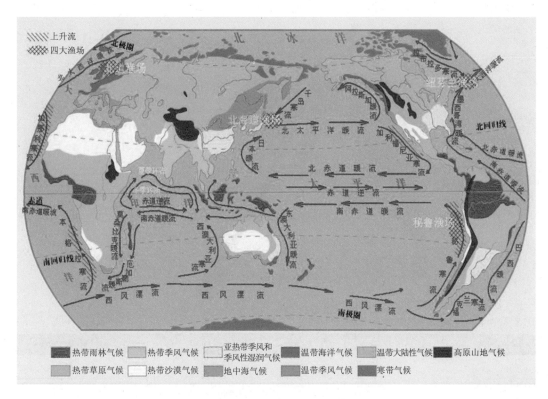

图片来源：http://www.gdbjzx.net/xkwz/article/showarticle.asp？articleid=10758。

图 8-3 世界气候类型和洋流分布

上确实带来了全球变暖，但它只不过是化石燃料燃烧的一个副产品而非直接目的（直接目的是获得能量），因而也不是我们所谓的地球工程。另外，今天提到的地球工程重点在于应对气候变化而非其他变化，这使它的定义内涵更严、更小了[11]。再如我们上面提到的"人工影响天气和气候"，虽然有规模和意图，但不是为了消除人为的气候变化的，所以也不算是本书界定的地球工程。

　　1965 年，为了应对温室效应，美国总统科学咨询委员会（US President's Science Advisory Council）提出了人工影响气候的建议，随后美国自 20 世纪 70—90 年代开展了相关预研究[13-15]。20 世纪 70 年代早期，Marchetti 首先提出了具体的工程建议，他设想将化石燃料燃烧产生的 CO_2 注入深海[16]，在 1992 年美国科学院有关地球工程的评估报告发表以后进入主流气候变化的讨论之中[17]，但那时由于联合国希望集中精力建立一个排放控制的共识以便开展全球减缓行动，因此全球科学和政治人物并没有过于重视地球工程问题。今天对于地球工程的讨论似乎比 20 世纪末要热烈得多，主要是减缓行动的进展并不理想，于是就再次考虑其他途径的作用了（图 8-4）。

图片来源：http://news.eco.gov.cn/2010/1213/374685.html。

图 8-4　别奇怪，这些招数都是地球工程的考虑范围

8.2　地球工程：原理和主线

8.2.1　原理：改变能量收支

全球变暖的根本原因是地球能量收支的失衡，即地球系统吸收的能量与地球系统通过红外辐射散发的能量失衡，确切地说就是由于温室气体的增长吸收了红外辐射的能量，所以只能提高温度来增加红外辐射的能力才能达到新的辐射平衡。图 1-10 为平均每年的全球能量平衡，从中可以感知温室气体的"保暖"作用。

8.2.2　两条主线

根据以上原理，当今的地球工程设想基本按以下两条主线展开：

（1）长波工程

通过减少温室气体（这里指 CO_2）在大气中的存在，来减少大气对长波辐射的吸收，因而有降温作用。长波工程也称为 "碳管理工程"、"CO_2清除工程"或"碳循环工程"。一般来说，工业或电力最终排放前的碳捕集与储存（carbon capture and storage，CCS）不包含在这个范围之内，因为这些 CO_2 在被捕集前并没有排入大气，而是被截留，减少了潜在的排放，因此算在了减排里面。

（2）短波工程

通过增加对太阳辐射的反射作用，来减少进入地球系统的短波能量，因此可以起到降温作用。短波工程也称为"太阳辐射管理"。

从这两条主线可以衍生出许多具体的技术，后面将作一些介绍。

8.3　降低 CO_2 浓度

首先要说明的是，这里所说的降低大气中 CO_2 的浓度不是"减缓"行动中所谓的通过减少排放来实现的，而是从大气中直接夺取 CO_2 实现的，目前常见的方法如下：

8.3.1　陆上

8.3.1.1　土地使用管理及增加森林量

这一措施的主要目的是通过优化土地管理，增加森林的蓄积量，使更多的大气 CO_2 被固定在植物中。每年通过植物生长可以将 30 亿 t 的碳从大气转移至陆地生态系统，相当于吸收了化石燃料和森林采伐带来的 CO_2 排放的 30%，而整个森林生态系统总体固碳量为大气中总碳量的两倍以上[18,19]。目前紧要的是，每年的森林采伐（特别是热带地区）造成的 CO_2 排放量相当于全球人为温室气体排放的 20%，而仅热带森林采伐就达 15 亿 t，是目前增长最快的排放源[18]。因此，有必要通过土地绿化、森林恢复及制止滥伐来提高陆地植被对碳的固定作用。另外，我们在第 5 章已经讨论了氮沉降与碳循环的关联性，应该借鉴。

8.3.1.2　空气中 CO_2 的捕集

直接从大气中提取 CO_2 毫无疑问会降低大气中 CO_2 的浓度。CO_2 的捕集实际是一个大工业过程，这个过程能否持续的关键是能否处理好三个问题：一是提取的 CO_2 能否直接应用或易于处理；二是这个过程一般是无利可图的，那么如何解决持续运作的资金问题；三是能量的消耗是否太大（会产生 CO_2 排放，抵消了捕集 CO_2 产生的效果）。由于空气中 CO_2 浓度太低（约 0.04%），所以从热动力学的角度来看，提取过程是有困难的，特别是需要首先将空气吸入某一装置，所以需要动力消耗。

目前可能用于商业化 CO_2 捕集的方法主要包括以下两类：

1）固体吸附：一般是在潮湿气氛下使用特制的离子交换树脂或在一定粒度的硅石表面使用固体胺类来吸附[20]。

2）碱性溶液吸收：在 NaOH 溶液中（>1 mol OH^-），CO_2 很容易被吸收，利用钛酸盐或苛性钙回收工艺，实现 Na_2CO_3 再生[21,22]；如果使用弱碱性溶液，则需要有催化剂，比如碳酸酐酶可以加速水对 CO_2 的吸收过程，但要求的酸度范围很严格。

8.3.1.3　生物材料的封存

光合作用是大自然赐予的最清洁、最高效、最低耗的捕集 CO_2 的方法，通过光合作用，大量 CO_2 无声无息地变成有机体的组成部分，整个地球森林固定的 CO_2 大约为大气总 CO_2 的 3 倍。然而，当这些生物体归于死亡以后，其中大多数有机质被分解而重返大气，因此长远来看，如果没有化石燃料的使用，地球的 CO_2 浓度会维持一个相对稳定的范围；即使使用生物质能源，只要消耗的生物质很快重新生长出来，地球总的植物量就不会减少，大

气 CO_2 浓度也将稳定，这就是为什么将生物质称作碳中性能源的原因。

由此，新的设想产生了：如果将生物质直接封存起来，使之不再因分解而重返大气，那么，大气中的 CO_2 浓度就会净减少，这不就达到降低 CO_2 浓度的目的了吗？情况确实如此。当前关于生物材料的封存已经作为地球工程的一个重要组成部分，主要包括生物质的直接封存或将制作的生物炭（biochar）进行封存。

1）直接封存：指将树木或农作物废料深埋于土壤甚至海洋，这样可以保持数百或数千年的稳定。当然这种方法在运输、埋藏和加工过程中均需要额外的能量消耗，而且这个过程还可能破坏植物的正常生长、营养循环及生态体系的活力，比如大量农作物脱离农田会减少土壤的有机质，影响粮食产量。

2）生物炭封存：这一方面我们已经在第 7 章关于黑碳封存时提到过，主要是通过生物质在缺氧甚至无氧环境下进行加热，产生生物炭和生物燃料（比如合成气，以 CO 和 H_2 为主）。由于生物炭有很好的稳定性，因而可以将 CO_2 长期封存起来[23]。不过，从能源的角度考虑，若将生物炭埋掉，似乎也是一种浪费，谁来支付这个成本？会不会引起更多的化石燃料开采？因此，在解决人类能源的问题之前，白白地将生物炭埋掉，需要三思。

8.3.1.4 增强侵蚀和风化能力

自然界存在着侵蚀和风化能力，这个过程通过硅酸盐起重要作用：

$$CaSiO_3 + CO_2 = CaCO_3 + SiO_2$$

可以通过人为的改造和加速，来实现对 CO_2 的捕集和封存：

$$CaSiO_3 + 2CO_2 + H_2O \Longleftrightarrow Ca^{2+} + 2HCO_3^- + SiO_2$$

$$CaCO_3 + CO_2 + H_2O \Longleftrightarrow Ca^{2+} + 2HCO_3^-$$

上面两个反应式的产物中，碳以可溶性的 HCO_3^- 存在，最终归宿为海洋这个天然的大仓库。

我们需要注意这些过程的一些其他效应，包括环境效应。比如，这些反应的最终结果几乎都是产生 HCO_3^- 及钙镁阳离子，因而会增加海水的碱度，而传统的观念认为 CO_2 浓度的增加会提高海水酸度[24]，因此这项工程可能是对抗因 CO_2 直接溶解带来的海水酸化的一种办法，但具体情况尚需进一步研究，尤其是对海洋生态系统的影响仍不确定。另外，上述过程需要大规模的采矿、运输及固体材料的处理来支持，这些都需要耗能，都可能对包括大气环境在内的区域环境带来影响。

8.3.2 海洋生态系统

8.3.2.1 海洋施肥

海洋是 CO_2 的最大储藏库，在海水表面，CO_2 进行着快速的交换。但是这些 CO_2 若要进入海底，则需数千年。海洋植物的光合作用完成碳的捕集，海洋生态系统经过复杂的过程，实现碳的下沉，目前储藏在海底的碳约为 35 万亿 t，而大气中的 CO_2 不过 7 500 亿 t，足见海洋对碳循环的特殊作用。

加快这一过程的方法被称作海洋施肥，是通过人为给海洋补充光合作用的控制性养分（比如 N、P 或 Fe）来实现。当然，风险也是存在的，因为海洋施肥包含了人为地对海洋化学成分的改变，可能影响生态系统，产生的后果尚难料定。

8.3.2.2　刺激海水上涌或下沉

海水表面由于接触空气，且运动强烈，所以与大气进行着快速的 CO_2 交流。但海洋深处，这种交流却不可能，所以深水中的 CO_2 浓度要低得多。靠海水自然的垂直交换，速度是很慢的，大部分深水 CO_2 也并不是靠生物沉积作用而是靠洋流翻转带来的动力，因而未能充分发挥海洋封存 CO_2 的能力。于是就涌现出另外一种设想，即人为制造或加速海水的上涌或下沉，尽可能提高整个海水的溶碳总能力。有人设想将一个管道下潜海水数百米，用深水泵制造上涌，或在近极地区促使冷重海水下沉，均可提高海水对 CO_2 的溶解能力[25,26]。

8.4　提高地球反射能力

减少大气中温室气体的存在是为了增加红外辐射的逃离从而减少温室效应。与其相应的另一个途径是直接加强地球系统对入射太阳辐射的抵制，通过加强对太阳光的反射能力而达到减少地球能量吸收的目的（图 8-5）。这两种途径原理不同，但目的和效果相同，故有异曲同工之效。主要有以下几类。

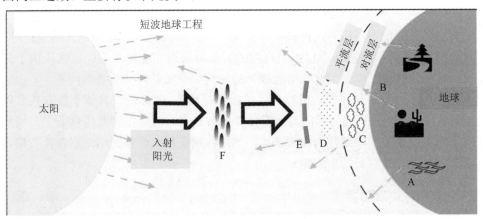

注：A：增加洋表反射；B：增加地表反射；C：白云工程；D：平流层气溶胶；E：轨道镜或反射器；F：拉格朗日点的反光阵列

图 8-5　提高地球反射能力的主要设想（Blackstock 等，2009）

8.4.1　增加地表反射率

确实有一些方式可以增加地表的反射率，比如颜色越浅（白），越有利于减少阳光吸收；表面越平，越有利于对阳光的直接反射，所以浅色和平的表面会使阳光被反射的可能性增加。基于这个原则，人们设计了一些具体的方法。

（1）提高城市房顶和道路的反射能力

城市中房顶和道路的面积大约占总表面积的 60%（房顶 20%～25%，道路 40%）。如果使用反射能力强的材料，房顶和道路的反射率能分别提高 0.25 和 0.10。有人估计全球采取这个措施，可能相当于大气 CO_2 减少了 220 亿～400 亿 t [27]。为此，单从阳光反射的角度来看，"白化"建筑物的顶部肯定是最有益的，只是有一点会让人困惑：许多人都向往的楼顶花园式设计难道过时了吗？更有一些楼顶在做防水处理时使用了黑色的黏结材料，值得深思。话又说回来，在房顶增加植被量，不是有利于增加 CO_2 的捕集吗？不是有利于空气污染物的吸附吗？

（2）提高植被反照率

不论是农作物，还是草地，如果我们考虑使用一些反射能力较高的品种都是有益的，造成这种反照率差别的原因可能是自身的颜色、形状或冠盖结构[28]。

（3）提高海洋反照率

地球上的大部分面积为海洋覆盖，所以海洋反照率的变化直接影响全球的能量平衡。两极冰雪的减少、黑碳在冰面上的沉降都会降低反照率，造成正的辐射强迫。对海洋反照率的提升目前基本上还是一种设想，具体的办法还在探索中。

（4）提高沙漠反照率

沙漠本身的反照率大约在 0.36，有人设想在沙漠上覆盖一层聚乙烯－铝，则反照率会提高一倍以上[29]。但也有人担心这样做会大规模改变大气环流形态，造成降水模式的改变，可能使某一区域的国家受到影响，也容易改变区域生态系统。

8.4.2　提高云的反射能力

提高云的反射能力可以通过两种机理实现，一是增加云量，二是提高云的生存时间（寿命）。前面曾经说过，气溶胶不仅由于直接散射作用而影响能量平衡，而且还由于与云的关系而间接影响能量平衡，因此气溶胶成为抑制气候变暖的最为重要的因素。

人为制造适当数量和粒径的微粒可以增加云凝结核（CCN），具体实施方式可以通过飞机、海轮或遥控的无人飞行器将海水雾化并分散开来，从而得到海盐粒子[30]。当然这些海盐粒子真正能变为云凝结核的比例是很低的，特别是从海面扬起的海水雾化效果，有多少可以上升高度而参与云的形成呢？

8.4.3　创造平流层反射能力

这首先从火山喷发中得到启示，特别是 1991 年的皮纳图博（Pinotubo）火山大喷发（图8-6），观测全球气温下降了约 0.5℃（图 8-7）。2006 年，Crutzen[31]极力推崇硫酸盐的作用，主要是它可以由气态的 H_2S 或 SO_2 经氧化产生几百纳米的微粒，且有完全的证据表明其效果是可靠的；Keith 则提出了另一种纳米颗粒，由多层氧化铝、金属铝及钛酸钡组成，由于光泳及电磁力而飘浮在平流层之上，避免了硫酸盐对平流层臭氧可能的破坏，也不会带来酸雨[32]。也有人提议建造微型反光气球[33]，还有一些人提出了其他工程化的平流层气溶胶材料，但具体材料各不相同[34,35]。

图 8-6　1991 年皮纳图博火山大喷发（Kerr，2006）

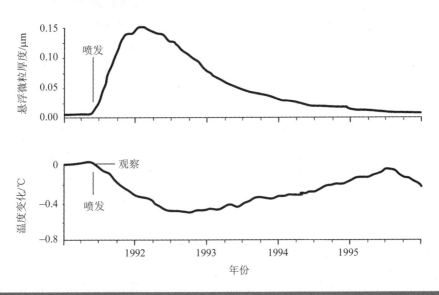

图 8-7　1991 年皮纳图博火山喷发造成的温度影响（Blackstock J J 等，2009）

8.4.4 布置太空反射能力

有一种建议是在赤道平面，用尘埃制造类似于土星光环的地球光环，高度在 2 000～4 500 km，但这样可能将一些地方的黑夜变得跟白天一样[36]；另一种建议是在日地引力平衡的拉格朗日点布置反光镜。但是要注意，要减少 2%的太阳能量影响需要大约 300 万 m² 的反射体，这不是一件容易的事[37]。

8.5 评价问题

上面我们介绍了关于应对气候变化的两类地球工程，只是想让大家粗略地了解这方面的内容，所以没有进行深入的剖析。而实际上，以上两类，特别是第二类，绝不是一项轻松的工程，不仅涉及人力、物力和资金的消费，涉及技术的创新，还会牵连其他我们想到和想不到的困难与影响，如果不能提前进行充分的考虑，我们善意的和理想化的改善气候的行动可能在生态环境、空气质量或者经济等方面带来巨大的伤害，所以，合理地对某一项地球工程进行评估就显得十分重要了。从现在的情况来看，评价标准可以包括以下五个方面：有效性、时效性、安全性、经济性及社会容忍性。

➢ 有效性是指工程在理论、技术方面可以实现降低辐射强迫的目的。
➢ 时效性是指技术的成熟及效果的及时高效，以便人们尽可能快地取得预想的效果，比如平流层反射增强的方案。
➢ 安全性是指产生的副作用特别是环境和生态负面影响要小，尤其要避免适得其反的效果或对生态系统带来大规模的破坏。已经有人指出了某些措施对全球水循环的负面影响[37,38]，也有人指出其对作物的正面[39]或负面[38,40,41]影响，因此不断有人对此提出警示[10,42,43]。关于负面影响在下面"谨慎的声音"将作介绍。
➢ 经济性是指工程投入要让人类能够负担得起，投入产出比要低，特别是容易调动社会力量参加。
➢ 社会容忍性是一个复杂的问题，涉及人类道德、传统、法律以及地区和国家利益，必须取得普遍的理解和支持才行，真正实施时可能比目前温室气体减排牵涉的国际"斗争"还强烈。

当然，以上标准的中心是第一个，即有效性，主要涉及对辐射强迫的影响，文献对此有过系统介绍，可资参考[44]。

8.6 谨慎的声音

地球工程从其提出开始，就面临着不同的声音，这种情况对于国际学术界的争鸣是十分有利的，也为公众和决策者的判断与行动提供了正反两面的参考，属正常的讨论，可以提醒人们在采取行动以前要慎之又慎，以便趋利避害，实现利益最大化和损失最小化。Robock 曾进行过一次相对系统的论述，指出开展地球工程必须提防的不利后果[10]，下面略作介绍。

（1）不利的区域气候效应

美国国家大气研究中心的研究人员认为，1991 年皮纳图博火山暴发并非只起到了降温作用，还有较严重的水文影响，包括降水、土壤水分及河水流量[45]。

（2）海洋酸化

如果倾向于使用地球工程而不是减排来抑制气候变暖，由于一半以上的 CO_2 最终为海洋吸收，海洋酸化会更严重，以致威胁海洋生物链（royalsociety.org/ displaypagedoc.asp? id=13539）。

（3）臭氧层消耗

注入平流层的气溶胶能作为大气化学反应的表面载体，破坏臭氧层，这与极地平流云中的水与硝酸造成季节性臭氧空洞的原因一样[46,47]。

（4）对植物的影响

平流层气溶胶对阳光的散射，减少了到达地球的直接太阳辐射，对生物会有影响。

（5）更多的酸沉降

如果硫酸盐定期注入平流层，其最终归宿肯定是穿过对流层到达地面而增加酸沉降，这种沉降会带来空气污染、破坏生态系统、影响公众健康，特别是对于本来空气质量非常好的地区，酸沉降的后果将显得非常尴尬。

（6）蓝盈盈的天变成白蒙蒙的天

由于大气气溶胶的粒度与可见光的波长接近，平流层大量气溶胶的注入和对阳光的漫散射，会产生白云似的天空，当然还有火红的落日，想一下对人类造成的心理冲击吧。

（7）对太阳能利用的影响

到达地表的阳光减少会对太阳能利用带来负面影响，尤其是对利用太阳辐射直接采暖的系统。

（8）环境影响

任何向平流层添加气溶胶的系统或阳光屏蔽系统的布置和实施都会带来环境影响。

（9）半途而废会带来更快的变暖

这种情况可能出现在技术、社会或政治危机的背景下[48]。

（10）开弓没有回头箭

一旦开始一项地球工程，我们实际没有办法主动结束它。

（11）人类差错

复杂的机械系统不是从来都能完美工作的，因为人类在设计、制造和使用过程中会犯错误，难道人类愿意用更加复杂的安排来赌地球的未来吗？

（12）破坏减排

如果人类意识到可以有更容易的气候修复办法而不用理会温室气体减排的问题，那么，想集中国家和国际意愿来改变消费模式和能源设施会变得更加困难[49,50]。

（13）成本

许多地球工程技术需要的投入大得惊人，倒不如将其投入到太阳能、风能上，或投入到节能和碳封存上。

（14）可能形成技术的商业控制

是谁最终控制地球工程系统？政府还是拥有专利的私企？它们是首要考虑自身的利益，还是会顾忌公众的利益？

（15）技术的军事化

美国长期以来都试图通过人工影响天气来实现军事目的，包括在越南战争期间通过降雨将越南的补给线变成泽国。即使已有许多国家包括美国已经签署了《禁止为军事或任何其他敌对目的使用改变环境的技术的公约》（Convention on the Prohibition of Military or Any Other Hostile Use of Environmental Modification Techniques，ENMOD），但谁能保证某些国家不会在需要时将其用于战争？谁能保证会永远用于和平目的？

（16）违反现有条约

ENMOD 明确禁止将具有广泛、长期和严重影响的人工影响环境技术用于军事和敌对目的，并对它方造成破坏、损害或伤害，因此任何地球工程如果有不利的气候影响，比如增温或干旱，都有违 ENMOD。

（17）谁来把持温度标准

对温度的高低，世界不同地区和国家的人们有不同的标准和需要。什么才是最佳气候呢？如果俄罗斯希望温度升几度而印度希望温度降几度的话，该如何是好？全球气候是恢复到工业革命前好呢，还是保持目前的状态好呢？我们可能根据不同地区的需要来创造所需的独立气候而不会影响其他地区吗？如果我们推进地球工程的话，会挑起气候战争吗？

（18）道德权威问题

今天的全球变暖只是人类无意识的结果，因为人们是为生活而排放了温室气体，最多是一种过失。现在人类已经知道温室气体排放的气候影响，还有继续排放的道德权吗？同样，既然科学家知道平流层注入气溶胶会影响地球的生态圈，还有权悍然为之吗？由于没有一个全球机构要求或有能力出示一个权威、科学和令人信服的环境影响评价意见，人类如何知道可以试验多大程度的气候控制呢？

（19）后果难料

科学家可能难以周全考虑地球工程涉及的所有复杂的气候关联作用，也不能预测所有的影响，甚至永远都不能对自己的预见性有十足的把握。比如，尽管气候模式在不断完善，但由此作出的预测依然难以跟上气候变化的步伐，2007 年北极海冰达到了史无前例的融化程度，不是已经让人目瞪口呆了吗？

8.7　实施地球工程应谨慎

我们在本章开头的时候就提到，人们面对气候变化正在采取的措施是减缓和适应，但由于各种原因并没有实现预期的目标，国际社会依然在争论中难以切实完成承诺，可能的、不可逆转的气候变化的阴影依然笼罩在全球上空，人类也因此捡起了早已提出的地球工程，试图将其作为一种捷径；另一方面，伴随着越来越多的警示声音，许多具体的地球工程设想尚有数不清的问题需要首先澄清、解决，因此目前地球工程作为一个梦，在美梦和噩梦变得清晰以前总体上必须采取保守的思想。

　　显然，人们今天应该做的首先就是继续开展深入的科学研究工作，尽可能地明晰各种相关技术的理论基础、科学性、实施难度和效果，并进行一些筛选作为技术储备，以备不时之需。其实，对于某些可行的具体措施应根据当前的能力加以考虑，比如加强空气中 CO_2 的捕集和封存、实施绿化及植被恢复的措施、加强生物炭的生产，这些措施带来的副作用相对较小，可以在必要时首先开展起来。

　　据报道，曾反对"地球工程学"的 IPCC 主席帕乔里在坎昆气候峰会上表示，由于全球变暖的威胁日益严重，2014 年 IPCC 发布的第五份评估报告中将纳入"地球工程学"的概念，该委员会将成立专家组详细讨论"地球工程学"各种设想的利弊，其中包括在太空建巨型反射镜、用毛毯遮住格陵兰冰川以减慢其融化速度、向海中撒铁繁殖海藻以吸收 CO_2 等。诺贝尔化学奖得主保罗·克鲁岑宣称，为减少温室气体排放而做的努力都是"极为不成功"的。尽管承认向平流层注入硫酸盐将破坏臭氧层并导致不可预知的副作用，但克鲁岑认为，地球工程将成为"快速制止气温上升的唯一可行选择"（根据 http://news.eco.gov.cn/2010/1213/374685.html）。

　　但无论如何，不能以地球工程作为借口来拒绝、推诿或懈怠每个人、每个国家对减少温室气体排放所应承担的责任，因为地球工程只能是"减缓"行动的补充，最多是一种应急的行为，决不能以为找到一种"捷径"而放纵自身。正如上一章我们论述关于黑碳的问题时就指出，不能因为黑碳问题而拒绝承担温室气体减排的责任。

结语

　　我们用"天地狂想曲"比喻地球工程的现实、性质和地位，显示了人类在用减排实现减缓面临困难和危机的时候，试图开辟一条新路来达到抑制变暖的目标，非常难能可贵。由于地球工程特别是短波工程存在难以估量的不确定性和风险，包括对生态系统、大气成分、大气环流和水循环带来的影响，因此在今天，大部分只能暂作"狂想"，也许在将来条件成熟时或者在出现威胁人类生存的危险气候变化时，会启用这一"终极手段"。不过，各国开展植树造林、森林恢复、增加植物固碳量，却是不错的手段，对气候变化和空气质量都是有益的。

参考文献

[1]　IPCC. Climate Change 2001：The Scientific Basis[M]. UK：Cambridge University Press，2001.

[2]　Wigley T M L，Raper S C B. Interpretation of high projections for global-mean warming[J]. Science，2001，293：451-454.

[3]　IPCC. Climate change 2007：The physical science basis. Contribution of working group I to the fourth assessment report of the Intergovernmental Panel on Climate Change. （Solomon S D，Qin M，Manning Z，et al. ed）. Cambridge：Cambridge University Press，United Kingdom and New York，NY，USA.2007.

[4]　Wigley T M L. The climate change commitment[J]. Science，2005，307：1766-1769.

[5]　Meehl G A，Washington W M，Collins W D，et al. How much more global warming and sea level rise？[J]. Science，2005，307：1769-1772.

[6]　Fleming J. Historical perspectives on "Fixing the Sky". 2009 Testimony In：Committee on Science and Technology US House of Representatives on November 5，2009.

[7]　The Royal Society. Geoengineering the climate：science，governance and uncertainty.The Royal Society，2009.

[8]　Arrhenius S. Worlds in The Making：The Evolution of the Universe[M]. New York：Harper & Brothers，1908.

[9]　Ekholm N. On the variations of the climate of the geological and historical past and their causes[J]. Quarterly Journal of the Royal Meteorological Scociety（Q J R Meteorol Soc），1901，27：1-61.

[10]　Robock A. 20 reasons why geoengineering may be a bad idea[J]. Bulletin of the Atomic Scientists，2008，64（2）：14-18.

[11]　Keith D W. Geoengineering the climate：History and prospect[J]. Annual Review of Energy and the Environment，2000，25：245-284.

[12]　Gove P B，et al. Webster's Third New International Dictionary of the English Language Unabridged. Springfield，MA：Merriam-Webster，1986.

[13]　Budyko M I. Climatic Changes. Washington，DC：New York：American Geophysical Union，1977.

[14]　Budyko M I. The Earth's Climate，Past and Future[M]. New York：New York Academic Press，1982.

[15]　US National Academy of Sciences. Policy Implications of Greenhouse Warming：Mitigation，Adaptation，and the Science Base. Washington DC，USA：Panel on Policy Implications of Greenhouse Warming，U.S. National Academy of Sciences，National Academy Press，1992.

[16]　Marchetti C. On geoengineering and the CO_2 problem[J]. Climatic Change，1977，1：59-68.

[17]　Panel on Policy Implications of Greenhouse Warming. Policy implications of greenhouse warming：mitigation，adaptation，and the science base[M]. Washington，DC：Natl. Acad. Press，1992.

[18]　Canadell J G，Le Quere C，Field C B，et al. Contributions to accelerating atmospheric CO_2 growth from economic activity，carbon intensity，and efficiency of natural sinks[J]. Proceedings of the National Academy of Sciences USA，2007，104：18866-18870.

[19]　Canadell J G，Raupach M R. Managing forests for climate change mitigation[J]. Science，2008，320：1456-1457.

[20]　Gray M L，Champagne K J，Fauth D，et al. Performance of immobilized tertiary amine solid sorbents for the capture of carbon dioxide[J]. International Journal of Greenhouse Gas Control，2008，2：3-8.

[21]　Stolaroff J，Keith D W，Lowry G. Carbon dioxide capture from atmospheric air using sodium hydroxide spray[J]. Environmental Science & Technology，2008，42：2728-2735.

[22]　Mahmoudkhani M，Keith D W. Low-energy sodium hydroxide recovery for CO_2 capture from atmospheric air—Thermodynamic analysis[J]. International Journal of Greenhouse Gas Control，2009，3：376-384.

[23]　Lehmann J，Gaunt J，Rondon M. Bio-char sequestration in terrestrial ecosystems-A review[J]. Mitigation and Adaptation Strategies for Global Change，2006，11：403-427.

[24]　Irvine P J，Ridgwell A，Lunt D J. Climatic effects of surface albedo geoengineering[J]. Journal of Geophysical Research，2011，116，D24112，doi：10.1029/2011JD016281.

[25]　Lovelock J E，Rapley C W. Ocean pipes could help the Earth to cure itself[J]. Nature，2007，449，403，

doi：10.1038/449403a.

[26] Zhou S，Flynn P C. Geoengineering downwelling ocean currents：a cost assessment[J]. Climatic Change，2005，71（1-2）：203-220.

[27] Akbari H. Global cooling：increasing world-wide urban albedos to offset CO_2[J]. Lawrence Berkeley National Laboratory，2009，08-18-2009，http://escholarship.org/uc/item/1zg8c7h1.

[28] Ridgwell A，Singarayer J S，Hetherington A M，et al. Tackling regional climate change by leaf albedo biogeoengineering[J]. Current Biology，2009，19：146-150.

[29] Gaskill A. Desert area coverage，Global Albedo Enhancement Project. 2004. http://www.global-warming-geo-engineering.org/Albedo-Enhancement/Surface-Albedo-Enhancement/Calculationof-Coverage-Areas-to-Achieve-Desired-Level-of-ForcingOffsets/Desert-Area-Coverage/ag28.htm.

[30] Salter S，Sortino G，Latham J. Sea-going hardware for the cloud-albedo method of reversing global warming[J]. Philosophical Transactions of the Royal Society A，2008，366：3989-4006.

[31] Crutzen P J. Albedo enhancement by stratospheric sulfur injections：a contribution to resolve a policy dilema？[J]. Climatic Change，2006，77：211-220.

[32] Keith D. W. Photophoretic levitation of engineered aerosols for geoengineering[J]. Proceedings of the National Academy of Sciences USA，2010，107：16428-16431.

[33] Teller E，Hyde R，Wood L. Active climate stabilization：practical physics-based approaches to prevention of climate change，2002. UCRL-JC-148012.Lawrence Livermore National Laboratory.

[34] Teller E，Wood L，Hyde R. Global Warming and Ice Ages：I. Prospects for Physics-Based Modulation of Global Change. UCRL-JC-128715，20.Lawrence Livermore National Laboratory，1997.

[35] Blackstock J J，et al. Climate engineering responses to climate emergencies[J]. Novim，2009. http://arxiv.org/pdf/0907.5140.

[36] Mautner M. Space-based solar screen against climate warming[J]. Journal of the British Interplanetary Society，1991，44：135-138.

[37] Bala G，Duffy P B，Taylor K E. Impact of geoengineering schemes on the global hydrological cycle[J]. Proceedings of the National Academy of Sciences USA，2008，105（22）：7664-7669.

[38] Robock A. Whither geoengineering？[J]. Science，2008，320：1166-1167.

[39] Pongratz J，Lobell D B，Cao L，et al. Crop yields in a geoengineered climate[J]. Nature Climate Change，2012，doi：10.1038/NCLIMATE1373.

[40] IPCC. Climate Change 2007：Impacts，Adaptation and Vulnerability（Parry M，Canziani O，Palutikof J，et al.）. Cambridge Univ. Press，2007：273-313.

[41] Lobell D，Schlenker W，Costa-Roberts J. Climate trends and global crop production since 1980[J]. Science，2011，333：616-620.

[42] Hegerl G，Solomon S. Risks of climate engineering[J]. Science，2009，325（5943）：955-956.

[43] Hoag H. Risky business：Altering the atmosphere[J]. Nature Reports Climate Change，2007，3：34-35.

[44] Lenton T M，Vaughan N E. The radiative forcing potential of different climate geoengineering options[J]. Atmospheric Chemistry and Physics，2009，9：5539-5561.

[45] Trenberth K E，Dai A. Effects of Mount Pinatubo volcanic eruption on the Hydrological cycle as an analog

of geoengineering[J]. Geophysical Researcal Letters，2007，34（16），L15702，doi：10.1029/2007 GL030524.

[46] Susan Solomon，et al. The role of aerosol variations in anthropogenic ozone depletion at northern midlatitudes[J]. Journal of Geophysical Research，1996，101.

[47] Solomon S. Stratospheric ozone depletion：a review of concepts and History[J]. Reviews of Geophysics，1999，37.

[48] Wigley T M L. A combined mitigation/geoengineering approach to climate stabilization[J]. Science，2006，314：452-454.

[49] Schneider S H. Earth systems：engineering and management[J]. Nature，2001，409：417-419.

[50] Cicerone R J. Geoengineering：encouraging research and overseeing implementation[J]. Climatic Change，2006，77：221-226.

第9章

空气污染和气候变化：一盘棋思想

导语

空气污染和气候变化都是人类对大气系统过分施加作用力而遭致的不愉快的反作用力，自然应由人类通过减少和调整自身的行为来弱化和消除这种反应。由于应对空气污染和气候变化的措施经常有冲突，因此，如何在实践中实现冲突最小化、成本最低化、效果最佳化和利益最大化是一个需要统筹兼顾的问题，也是一个需要大力研究的课题。

9.1 空气污染和气候变化：难以割裂

空气污染控制策略在多数情况下会同时引起温室气体排放减少，但是在一定情况下，某些改善空气质量的措施并不利于应对气候变化。该局面主要包含两种状况：一种情况是，减排的空气污染物本身实际上是地球系统的冷却剂；另一种情况是空气污染治理措施的实施伴随有温室气体的产生。这两种状况都使空气污染治理陷入一种尴尬的局面，这就带来了人们必须面对的问题：是治理污染还是稳定气候？无法兼容吗？

不同气体和微粒在大气中的停留时间，以及对空气质量和气候变化的不同影响如表9-1所示。

表 9-1 不同气体和微粒在大气中的停留时间及其对空气质量和气候变化的不同影响

化合物	停留时间	有毒属性	气候变化性质
CO_2	150 年	酸化海水，影响光合作用	温室气体，停留时间长
N_2O	110 年	破坏平流层臭氧层	温室气体，停留时间长
CH_4	10 年	地面 O_3 前体物	温室气体，停留时间居中
O_3	1 个月	对健康和植被产生不利影响	温室气体，停留时间短
SO_2	1 周	酸化，影响健康	硫酸盐气溶胶抑制全球变暖
煤烟	1 周	影响健康	煤烟和黑碳气溶胶加速全球变暖
NO_x	1 周	地面 O_3 前体物，酸化，富营养化	硝酸盐微粒可抑制全球变暖
氨	小于 1 周	酸化，富营养化	铵盐气溶胶抑制全球变暖

资料来源：*Air Pollution and Climate Change: Two Sides of the Same Coin*。

9.1.1　再议脱硫：不利于气候减缓

关于空气污染物对人类生存环境的危害、不同污染物对气候变化的影响机理和影响效果在本书前面的章节已有所陈述，这里就不再赘述。但是本节将再次以硫酸盐气溶胶减排为例，从防治空气污染和应对气候变化两个角度阐述该污染物减排引起的对立局面以及相应的解决思路。

含有硫的燃料燃烧可产生 SO_2，同时 SO_2 作为前体物可经过气粒转化生成硫酸盐气溶胶。硫酸盐气溶胶对人体健康可产生严重危害，而且该气溶胶的湿沉降会产生酸雨，对人类健康和财产带来损失。同时，硫酸盐气溶胶具有较强的光散射特性，可以在大气层顶产生负的辐射强迫，因此对大气有降温效应。于是，一方面，硫酸盐气溶胶的增加通过对大气的降温效应从而可以减缓全球气候变暖；另一方面，作为一种严重的空气污染物，硫酸盐气溶胶的排放又必须得到有效的治理。因此，针对硫酸盐气溶胶的减排就陷入一种尴尬的处境。

在面对这种尴尬处境时，我们首先要弄明白硫酸盐气溶胶对气候变暖减缓作用的贡献率以及它对气候影响的时间范围，并对该气溶胶作为空气污染物对人类健康和生态系统等方面的危害程度有所了解。其次，需对硫酸盐气溶胶的不同影响效果进行效益定量评估。最终结合不同排放情景对不同减排政策进行综合效益分析，进而制定更加合理、有效的减排措施。

大气化学-气候模式的研究表明，针对能源和交通引起的空气污染，即使我们实施最大的减排政策也很可能会导致气温升高，这提示我们应对气候变暖的措施应寻求更多的温室气体减排目标。仅就硫酸盐气溶胶的减排而言，我们建议应优先考虑空气污染物的减排，而对温室气体，我们应达到更大的减排量，从而"弥补"空气污染物（例如硫酸盐气溶胶）减少所带来的大气增温。

9.1.2　其他措施的关联效应

同硫酸盐气溶胶减排处境类似，某些气候变化的减缓措施不利于改善空气质量，这些措施在减少温室气体排放的同时会导致空气污染物的产生。排放控制措施可能不仅仅影响一种空气污染物（或者温室气体）。表 9-2 简单列举了一些不只影响一种污染物的重要的排放控制措施。

由表 9-2 可以看出，许多温室气体减排措施可同时引起空气污染物排放的减少。这些措施包括能源效率改良、热度和功率协同生产以及煤和石油向天然气和其他更清洁燃料的转换。但是值得注意的是，在几个实例中，温室气体减排措施可导致空气污染物排放增加。这些措施包括柴油汽车对汽油汽车的替代，尽管它降低了 CO_2 排放，但是如果没有采用合适的技术控制措施（微粒捕集器），会成为细粒物质（PM）的排放来源。同时，小型燃烧炉具的生物质使用会成为 NO_x 和 PM 排放的额外重要来源。为了确保减排政策的合理性与有效性，制定政策时应充分意识到这种"副作用"，不管是积极的还是消极的。

表 9-2　不只影响一种污染物的重要的排放控制措施		
	减少的排放物	增加的排放物
结构措施		
节能、效率改良和某些活动的禁止	所有污染物	
天然气的增加使用	CO_2，SO_2，VOC，NO_x，PM	CH_4
生物质	CO_2	VOC，PM，CH_4，N_2O
固定来源		
整体煤气化联合循环	CO_2，SO_2，NO_x，PM	
组合的暖气和电力（CHP）	所有污染物	
选择性的和非选择性的催化还原（SCR 和 SNCR）	NO_x，CO	NH_3，N_2O
流化床燃烧	SO_2，NO_x	N_2O
新的住宅锅炉	VOC，PM，CO，CH_4	
机动来源		
欧洲排放标准	NO_x，VOC，PM，CO	NH_3，N_2O
低硫黄燃料	SO_2，PM	
柴油	CO_2	PM
农业来源		
低排放猪圈	NH_3，CH_4	N_2O
泥浆屋顶仓库	NH_3	CH_4
肥料注射	NH_3	N_2O
厌氧消化（生物气）	CH_4，CO_2，N_2O	NH_3

资料来源：*Air Pollution and Climate Change: Two Sides of the Same Coin*。

　　减排措施不仅要考虑是否仅影响单一的空气污染物或者温室气体，同时还应考虑空气污染与气候变化的交互作用，即空气污染物的气候效应与气候变化对空气污染的影响。空气污染对气候变化的影响过程如前所述，而气候变化对空气污染的影响主要体现在两方面：一方面，气候条件的改变会带来大气成分的变化，因而会影响二次污染物的形成过程；另一方面，区域气候条件的改变直接带来气象条件的变化，对污染物也会带来很大的影响。比如太阳辐射的改变会影响大气的稳定性和局地风，对污染物的传输和扩散产生影响；光照条件的改变会影响污染物的化学及光化学反应速率；降水量的改变则直接影响到湿沉降对污染物的清除作用。全球平均大气污染水平主要受全球污染排放水平与全球气候变化两个驱动因子的影响，此外，在邻近排放源区域的污染水平还受当地排放源与区域气候的影响，因此空气质量是前述二者的综合作用，其影响机理如图 9-1 所示。

　　空气污染状况在一定程度上取决于天气状况，在不同气象条件下，同一污染源排放所造成的地面污染物浓度可相差几十倍甚至几百倍，空气质量对气候相当敏感，因此在制定有关空气污染和温室气体减排政策时，应综合考虑气候变化和空气质量二者的交互作用，不仅认识到空气污染对气候变化带来的影响，还要考虑到目前气候变化趋势下对空气污染的影响。现有研究指出[1]，未来气候变暖的情况下将会促使生物排放更多的 VOCs，可能会加重颗粒物和 O_3 污染。鉴于此，在气候变化背景下如何制定并实施有效的空气污染措施就要求我们充分认识到气候变化带来的潜在影响。尽管气候变化时间尺度比较大，这种潜在影响过程比较缓慢、滞后，但是如果忽视该影响，那么将来人类将支付巨额的气候"罚款"。

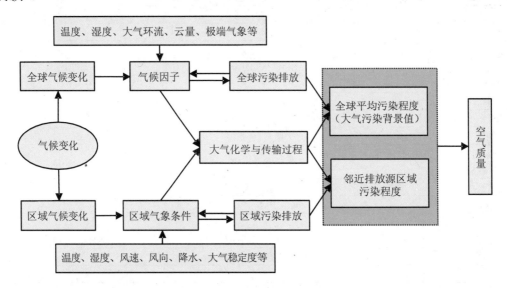

来源：Robert Vautard 等，2007。

图 9-1　气候变化对空气质量的影响机理

2008 年 9 月 17—19 日，大约 100 位科学家、教授和研究气候变化和空气污染的专家学者汇聚瑞典首都斯德哥尔摩，探讨如何推广协同收益战略及其机遇与挑战。论坛的主题是"空气污染和气候变化：开发一个协同收益战略的框架"。论坛由斯德哥尔摩环境学院组织，联合国经济委员会欧洲长距离跨界空气污染治理公约和 UNEP 代表全球论坛的伙伴们牵头，并和 UNFCCC、IPCC 和 WMO 一起磋商举办的。

论坛形成的总结呼吁各国政府采取一体化的方式来解决空气污染治理和应对气候变化的问题，因为他们注意到许多发展中国家实际上在制定政策和分配资金方面还是把二者割裂开来。总的来说，一体化的协同收益战略既可以满足发展中国家实现发展和环境保护的需要，又可以实现空气污染治理和减少温室气体排放之间的"双赢"。以一份对中国、印度和欧洲的评估报告为例，指出温室气体排放减少 20%，可以减少由空气污染引发的死亡人数的 15%；相反，如果人们把温室气体排放和空气污染治理战略割裂处理，不仅事倍功半，而且，可能引发不必要的负面影响。与会者特别强调在国家层面采取协同收益战略，认为现存的地区级空气污染控制网络可以在实施协同收益战略方面发挥积极作用，并迫切需要让各国政府在制定空气污染和应对气候变化战略时了解并积极实施这种协同收益战略。

中国工程院院士、国家气候中心研究员丁一汇非常关注协同应对空气污染和气候变化的问题（http://www.my.gov.cn/MYGOV/），明确指出由于空气污染和气候变化在很大程度上有共同的原因，即主要都是由矿物燃料燃烧的排放造成，因而减轻和控制空气污染与减少温室气体排放在行动上应是一致的。为了从经济上得到最大的节约和获得"双赢"的效果，应该采取统一的而不是分离的科学研究和应对战略。尤其将来随着空气污染的不断治理和改善，可大大降低气溶胶的冷却作用，这将进一步加大对未来温室气体减排量的需求，否则全球气温将会以更快的速度和量值上升。因而采取和制定协同或耦合的研究与对策战略是十分必要的，而且是迫切的。这是一种应对空气污染和气候变化的集合对策战略，在未来 20～30 年将成为一个重要的科学和政策问题。

9.2　寻求对立中的统一

9.2.1　一盘棋思想的确立

空气污染与气候变化是紧密联系的，同时二者在影响人类生存环境时也是相互影响、相互作用的。现有实例已证明，单一针对某一污染物或者温室气体的减排措施已不能较为有效地处理空气污染和气候变化与国民经济的相互协调问题。综合考虑空气污染和气候变化的相互影响，采用"一盘棋"思想，趋利避害、统筹规划，实施联合减排和协同控制的政策才能产生多重效益或者使冲突最小化并最终实现利益最大化。

采用"一盘棋"思想的最终目标是效益最大化，协同控制是实现该思想的重要技术手段。实施协同控制的前提是对协同效应的正确辨识。减少污染物排放和控制温室气体之间的协同效应包括两方面：一方面，在控制温室气体排放的过程中对其他污染物排放（如 SO_2、NO_x、PM 等）的影响；另一方面，在控制污染物排放的过程中对 CO_2 等温室气体的影响。值得注意的是，这两方面的影响既可能存在正效应，也可能存在负效应。在"一盘棋"思想的指导下，基于对协同效应领域的客观认识进而制定相关减排政策时应注意以下两点：

1）努力寻求污染物减排和温室气体控制的正协同效应，要针对不同的地区和行业制定"双赢"的控制措施。正协同效应的本质为温室气体的控制措施可以为解决局地环境污染问题带来辅助效应，同时局地空气污染防治政策也可为温室气体减排做出贡献。在能源消耗领域，如果采取节约能源的措施，那么能源消耗的降低不仅会直接导致温室气体排放量的降低，同时可缓解由于高耗能和高排放引起的严重空气污染。从政策效果来看，污染减排措施与应对气候变化、减少温室气体排放、发展低碳经济的相关要求在本质上是一致的，并且提高能效和结构调整是实现两者协同控制的主要举措。

2）针对空气污染物减排和温室气体控制的负协同效应，应明确协同效应发生的领域，确定不同领域的耦合关联，合理统筹不同利益相关方，通过成本效益分析从而制定合理有效、经济可行的协同管理政策，进而实现冲突最小化和利益最大化。负协同效应领域主要包括两方面：一方面是相关污染治理措施或技术会导致能源消耗和温室气体排放增加，这首先是因为在实际的生产过程中提高能源的利用效率、改变能源结构和减少污染物的排放都需要设备和高新技术的支持，而这些设备的制造和高新技术的开发过程又会导致温室气体排放的增加，其次是因为污染物控制末端减排技术普遍存在高耗能现象；另一方面，控制温室气体排放的技术间接地使能源消耗和污染物排放增多，因为虽然调整能源结构是减少温室气体排放的惯用措施，但调整过程也可能带来负面效应。以太阳能利用为例，太阳能是清洁能源，但太阳能光伏发电所需的多晶硅生产耗能很高，同时会伴随产生大量的有害副产品——四氯化硅，难以回收处理，对环境危害严重。针对空气污染治理和温室气体控制进行一体化分析是制定合理有效的减排政策的基础，同时应注意到，不同国家和地区的经济结构和面临的气候风险不同，相应的减缓和适应活动内容也有所差异，在对不同政策进行效益分析时，需要因地制宜地界定分析的范围，使管理政策能够有的放矢，取得事半功倍的效果。

我国作为经济快速增长的发展中国家，能源消费迅猛增长，加之能源消费结构是以煤为主的化石燃料，因此增加的温室气体排放和加重的大气污染是我国同时面临的两大难题，"一盘棋"思想此时显得尤为重要。开展协同效应研究、完善一体化管理机制、建立计算机预测与评估模型、加强国际合作等是今后我国积极应对气候变化和空气污染治理应重点关注的内容。

9.2.2 有效的应对技术手段：协同控制

协同控制是有效防治空气污染和积极应对气候变化重要的技术手段。所谓协同控制（Co-control）是指大气污染物与温室气体的协同控制与减少。由于污染物总量控制与温室气体减排之间存在较强的关联性，因此实施协同控制可以实现污染减排和降低碳排放强度的双重目标，获得协同效应。

由于空气污染和气候变化在很大程度上来自共同的来源，即主要都是由矿物燃料燃烧的排放造成的，因而可以采取协同方式控制空气污染与减少温室气体排放，这样不但可以降低成本而且还可以获得双赢的效果。科学研究现已证明空气污染和气候变化具有内在的联系，国内外的科学家指出，采取一体化的方式来解决空气污染治理和应对气候变化问题，可以实现双赢。事件调查也表明，空气污染和气候变化具有内在的联系，例如最近一份对中国、印度和欧洲的评估报告发现，温室气体排放减少 20%，可以使由空气污染引发的死亡减少 15%[2]。

实施协同控制的原则就是使协同效益最大化，主要从两个方面进行考虑：

第一，物理协同性，确保物质资源利用的最大化、污染排放的最小化。我国作为一个人均排放量低但排放总量高的发展中大国，能源消耗和温室气体排放情况备受瞩目。而目前我国资源相对紧缺，人均主要资源占有量不足世界平均水平的 1/3～1/2，大多数矿产资源人均占有量不足世界平均水平的一半，石油和天然气更是不到世界平均水平的 10%；另一方面，粗放的经济增长方式导致资源能源利用率极低、污染物与碳排放强度居高不下，这使得我国在经济高速增长的同时，资源能源短缺、生态环境恶化等问题日益突出，已经对国家经济的持续增长构成了明显制约。因此，在协同控制的过程中就要优化能源结构，保证物质资源的高效、循环利用，大力发展低碳经济，加大对节能减排和环保技术的投入，最大程度地减少污染。

第二，经济高效性，确保经济资源的最节省、不浪费，使得控制措施的经济效率高效。从节约成本的角度讲，我国正处于快速工业化和城市化进程当中，需要大量的资金和能源，协同控制技术就要使控制温室气体排放和污染减排工作相协调，以经济上更有效的方式同时解决大气污染与气候变化问题。

由于温室气体和常规的大气污染物同根同源，两者的排放源相同，都是燃料燃烧排放所致，例如，NO_x，既是大气污染物，又是造成气候变化的温室气体前体物，所以在选择、制定大气污染防治技术和政策措施时，就要考虑多种污染物的协同控制，确保控制温室气体排放措施和常规大气污染物减排措施实现优化组合，不彼此冲突，而且能以最小的成本实现气候与环境保护的双重目标。具体的技术和政策方法如表 9-3 所示。

表 9-3 协同控制的技术和政策选择

	城市/区域大气污染控制	大气污染与气候变化协同控制整合/协同效益	应对气候变化
技术选择	低硫煤 烟气处理（脱硫/脱硝/除尘/脱汞） 汽车尾气催化处理 柴油微粒过滤 挥发性有机物控制	清洁燃料/可再生能源 提高能源效率 发展公共交通 淘汰黄标车 制定新的车辆/设备排放标准 其他多种污染物协同控制技术	碳脱除 碳地质封存 生态建设/生物多样性保护 控制其他温室气体（$CH_4/N_2O/CFCs/SF_6$）
政策选择	环境标准体系 环境影响评价制度 总量控制制度与排污交易制度 排污许可证制度 资源价格政策与产品准入制度 环境税收政策 环保技术政策 环境监管制度 政绩考核与评估制度	环境影响评价中增加对建设项目温室气体排放量的审查 碳排放交易制度 碳排放许可制度 "两资一高"行业和出口产品碳排放强制限制 碳税征收 低碳环保技术研发与推广政策 主要碳排放源核算监管与控制措施实施 效果管理制度 碳标识制度	CDM 政策

资料来源：王金南等，2010。

协同效应评估方法和手段是协同控制的重要内容。协同效应评估的基本目的是：定量评价某时期内某区域实施污染减排措施同时对减缓温室气体排放的贡献。目前国内外已经以城市为案例开展了一些协同评估研究，如北京案例、上海案例和攀枝花案例，这些评估结果对规划的制定及其他决策发挥了重要作用。

一般污染减排的协同效应评估方法的基本思路是：首先明确给定区域污染减排的对象主体和具体措施，然后将污染物减排措施按污染减排的"工程减排"、"管理减排"和"结构减排"三类进行分类，依据相关减排细则对二氧化硫和 COD 的核算方法，对每一项污染减排措施通过二氧化硫和 COD 的减排量来定量计算其相应温室气体的减排量。根据污染减排项目种类和不同脱硫工艺，采用不同类别的协同效应评估方法，但对于同类或类似的项目，则尽量归类采用相同或类似的计算方法，以减少方法上的差异，有利于在不同地区应用。

目前已有的评估方法和工具主要包括综合环境战略（integrated environmental strategies，IES）US EPA；协调的排放分析工具（Harmonized Emissions Analysis Tool，HEAT）ICLEI；温室气体和大气污染物相互作用和协同作用（Greenhouse Gas and Air Pollution Interactions and Synergies，GAINS-Asia）IIASA；碳评估分析工具（Carbon Value Analysis Tool，CVAT）WRI；更优空气质量交互作用模型（Simple Interactive Model for Better Air Quality，SIM-BAQ）World Bank；清洁发展和气候项目（Clean Development and Climate Program，CDCP）Eco-Asia/USAID。

亚洲协同控制的评估工具有：清洁空气评估工具（清洁空气计分卡）；为公司整合 GHG/AP 的审计工具（审计的大气污染物和温室气体包括 PM，SO_2，NO_x，VOC，CO_2，CH_4，N_2O）；交通排放情景分析模型；交通、能源领域的 GHG/AP 指标。

这里简单介绍一下 GAINS 模型，它是由国际应用系统分析研究所开发的同时面向空气污染和气候变化的科学工具。GAINS 基于国际能源和工业统计、排放清单及国家自己提供的数据，估算 10 种空气污染物及 6 种温室气体的历史排放情况。GAINS 以中期时间尺度来评价排放，预测 2050 年前 5 年间隔的排放情景。GAINS 测算大约 2 000 种具体的控制措施对国家或地区的减排潜力及相应成本。对于用户指定的措施包，GAINS 计算相应的空气质量（细颗粒物、地面 O_3、硫和氮的沉降）、健康和生态影响。

GAINS 有两种运行模式：一种是"情景分析"模式，通过跟踪从源到考察地的排放路径，提供相关控制措施的环境收益；另一种是"最佳化"模式，用以找出最经济的减排所在，考虑到不同污染物对不同空气质量和气候问题的作用，该模式对于不同污染物、不同行业部门及不同国家和地区，可以找到以最低成本达到空气质量和温室气体目标的具体措施的平衡点。

9.2.3 实现"一盘棋"思想的保障：一体化机制

一体化机制是实现"一盘棋"思想的重要保障。美、日以及欧盟作为发达国家，在应对空气污染与气候变化的一体化管理方面远远走在中国前面。日本作为亚洲发达国家，其环境管理对于中国而言具有很大的借鉴价值，分析日本的管理现状，对于我国一体化管理体制的创新具有极大的意义。本节以日本为例，阐述该国的环境管理机构与现阶段的环境政策，并结合我国实际情况给出中国应对气候变化的污染物防控政策和措施的建议。

日本在 1971 年以前的环境管理体制是分散的，政出多门，管理混乱。1971 年 7 月 1 日成立环境厅，直属首相领导，厅长为内阁大臣，标志着日本的环境管理体制进入相对集中式的阶段，环境厅厅长直接参与内阁决策。地方设有道府县和市町村环境审议会，但与环境厅是相互独立的，无上下级的领导关系，国家在环境法的实施中主要依靠地方自治团体，但中央政府在财政控制和行政指导与监督方面的权力比较大，对地方团体实施法律有很大的影响力，地方团体在法定范围内接受环境厅的领导与监督。2001 年，环境厅发展成为环境省，责任和权限进一步扩大。

日本环境省机构由大臣官房、综合环境政策局、地球环境局、水和大气环境局、自然环境局、地方环境事务所以及环境调查研修所等组成。大臣官房负责省内人事、法令和预算等业务的综合协调，牵头制定具体方针，进行政策评估、新闻发布、环境信息收集等，致力于最大限度地发挥环境省功能。综合环境政策局负责计划和制定有关环保的基本政策，并推进该政策的实施，同时就环保事务与有关行政部门进行综合协调。地球环境局负责推进实施政府有关防止地球暖化、臭氧层保护等地球环境保护的政策。此外，还负责与环境省对口的国际机构、外国政府等进行协商和协调，向发展中国家和地区提供环保合作。水和大气环境局通过积极解决由工厂和汽车等所排放出的物质造成的大气污染、噪声、振动和恶臭等问题，致力于保护国民的健康和生活环境。此外，还将努力确保健全的水循环功能，把水质、水量、水生生物及岸边地纳入视野，加上土壤环境及基岩环境，对其进行综合施政。自然环境局对从原生态自然到人们周边自然的各个形态实施自然环境的保护，以推进人类与自然和谐相处，与此同时还负责推进生物多样性保护、野生生物保护管理以及国际间合作交流等。地方环境事务所主要监督地方政府执法，促进采取废物循环方式，鼓励地方政府采取应对气候变暖的措施；开展环境教育，提高公众环保意识等。

　　日本的环境政策可以说是建立在重大事件之上的，包括对重大环境问题的对策和应对国际环境压力的反应。甚至在日本民间有这样的戏谑："只有国外的压力和人类的悲剧才能让日本的政策发生变化。"日本环境政策的发展如表 9-4 所示。

表 9-4　日本空气环境政策发展小结

时间	社会经济背景	主要环境问题	政策及措施
1970 年代以前	①高速经济增长；②推崇经济规模；③扩张重工业和化工业；④指定特别发展地区的经济集中；⑤社会生活基础设施发展滞后；⑥大批量生产和大众消费的生活方式	①保护环境为发展经济让路；②工业污染给民众带来的健康灾难；③开发活动引起的自然环境破坏	①加强对污染源的控制；②针对特定污染物和污染地区的单项法规
1970 年代到 1980 年代末	①"石油危机"及经济减速；②日本优势技术发展；③产业升级，由资源密集型逐渐向技术密集型转移	①由汽车等引起的大气污染；②城市 NO_x 和生活污染；③化学品污染；④污染者与受害者不再有清楚的界限	①明确环境权；②推进综合控制污染物排放总量和保护环境的项目；③建立环境影响评价机制；④大力扶持环保产业发展
1990 年代到 2006 年	①"平成大萧条"；②全球化；③大都市社会经济功能的集中；④大众消费和大批量生产的生活方式的扩展	全球环境问题	①重视国际合作；②环境与经济相互促进发展
2006 年至今	①仍处在"平成大萧条"中；②老龄化日益严重	①大气状况已大为改善；②减少碳排放以改善全球环境	①构筑低碳社会；②推进区域循环圈建设

资料来源：于博，2010。

　　日本目前的环境管理处于环境与经济并行的阶段，该阶段的环境政策主题为：环境、经济和社会的综合提升，将环境保护的重点转移到构建低碳社会和形成区域循环圈。日本政府从 2007 年开始征收化石燃料税，并正在考虑对温室气体的排放征税。纵观日本环境保护的历程，以日本人民经历的公害的惨痛教训为起点，日本政府、企业和民众的环境保护意识逐步提升，环保行动也逐步深化，进入 21 世纪以后日本的工业污染已经得到全面控制，OECD（经合组织）一再强调的城市安逸及水和大气质量也已得到全面提升。以城市空气质量为例，在日本的中国游客可以切身感受到，日本大多数城市的空气质量已不亚于我国的度假区。可以说，目前日本环保工作的深度和广度都达到了空前的水平。

我国的环境管理体制是统一管理与分级、分部门管理相结合。环境保护部是国务院环境保护行政主管部门，对全国环境保护工作实施统一监督管理。省、市、县人民政府设有环境保护行政主管部门，对本辖区的环境保护工作实施统一监督管理。中国环境管理体系的特点集中表现在"预防为主"、"谁污染，谁治理"、"强化环境管理"这三大政策中。在刚刚过去的 21 世纪头十年，我国相继实施了国民经济"十五"和"十一五"规划，在此期间，我国面临着很严峻的环境形势。"十一五"环保规划中强调，坚持预防为主、综合治理，强化从源头防治污染，坚决改变先污染后治理、边治理边污染的状况。以解决影响经济社会发展特别是严重危害人民健康的突出问题为重点，有效控制污染物排放，尽快改善重点流域、重点区域和重点城市的环境质量。在应对气候变化方面，我国积极参与各项国际会议的谈判。继 1998 年加入《京都议定书》以来，我国积极履行减少温室气体排放的承诺，在共同但有区别责任的原则下，开展各项工作，确保温室气体的减排。

通过对日本的污染物防控政策和措施的调研分析，结合我国现有管理体系和环保政策，对我国应对气候变化的污染物防控政策和措施的具体启示有以下几点。

1）要进一步完善我国的大气环境保护法律法规体系。虽然我国在某些空气质量标准等的制定上比欧美等发达国家还要严格，但是在现有经济技术水平之下很难执行到位。在制定法律法规标准的过程中要充分考虑到我国的国情，而不能盲目照搬其他国家的经验。

2）要加强环境管理体系的建设，形成适合我国国情的有利于实现应对空气污染和气候变化双重目标的行政管理体制。首先应考虑地方各级环境主管部门与地方政府的关系问题，由于地方各级环境主管部门属于地方政府领导，在一些环境问题上可能会受政府的干扰、控制，难以很好地决策；其次，目前我国空气污染和污染物排放控制由环保部负责，而气候变化事务的责任归属则在国家发改委和国家气象局等部门，这无疑形成了政出多门和责任难以分清的局面，不仅不利于国内管理的一体化，也不利于国际交往，因为这种行政架构与国外大多数国家和地区不相适应。考虑到我国的具体国情，解决以上问题需要中央的决心。

3）要加强公众参与的力度。虽然目前我国有公众参与的制度，但是实际操作中公众很难参与到环境保护的决策监督过程中来。我们要拓宽公众参与环境管理的途径，使环境管理部门能够综合考虑不同意见，作出更加科学、全面的决策，以利于环境保护政策的顺利实施。

4）在应对气候变化的过程中，其政策和措施要与大气污染物防控政策措施互相补充、相互依托。由于一些大气污染物对全球变暖有减轻的作用，因此一味地控制大气污染物浓度而不考虑其对气候变化的影响是不行的。在制定控制大气污染的政策时要充分考虑对气候变化的影响。

5）要加大对清洁能源和可替代能源以及节能技术的开发力度，使我国能够在世界气候谈判过程中占据有利地位。目前，在气候变化谈判过程中，美国虽然对其温室气体减排并未设限，但是在国内则下大力气开发清洁能源和可替代能源以及节能技术，这是一种"以退为进”的做法。一旦美国的技术达到世界顶尖水平时，在气候变化谈判桌上我们手上的筹码则少之又少，面对的困难则会增加许多。

9.2.4　实现"一盘棋"思想的机遇：短寿命气候污染物控制

"短寿命气候污染物"这个称谓来自于英文 short-lived climate pollutants（SLCPs），是近年来炙手可热的一个话题。顾名思义，这些物质首先是污染物，其次具有气候致暖作用，第三是其大气存在周期不是太长。有了以上三个性质，短寿命气候污染物的控制自然具有消除污染和稳定气候的作用，一举两得，很好地体现了"一盘棋"的思想。一般认为，短寿命气候污染物主要包括黑碳、甲烷、对流层臭氧，有时还会包括一些氢氟碳（HFCs），HFCs 本来是消耗 O_3 层物质（ODSs）的替代品，但却发现其有更严重的升温作用，因此需要有更新的物质来再替代[3]。

这里我们提到的短寿命气候污染物（SLCPs），在纯气候领域的专家更愿意称之为短寿命气候强迫因子（short-lived climate forcers，SLCFs），二者所指的内容应该是一致的，但不同的学者或机构由于习惯、思想倾向或所在领域的不同，在使用时各取所好，因此，我们也没必要过多地计较称谓的不同。在第 7 章介绍黑碳时，我们曾就"快速行动"进行了介绍，可以看到快速行动的大部分内容与 SLCPs 有关，表明 SLCPs 在当今人类应对大气环境领域的挑战时已经初步形成了切合实际的思路。

2012 年 2 月，UNEP 与 6 个国家共同发起成立了"气候和清洁空气联盟"（Climate and Clean Air Coalition，CCAC），该联盟的主要目标就是短寿命气候污染物的控制；2013 年 2 月 4—5 日，高层次决策人士、政府官员、国际机构代表、专家、业界人士及其他亚太地区内外的利益相关者相会在泰国曼谷，就亚太地区 SLCPs 的减排政策、策略及措施等急迫问题展开讨论，旨在提高各国对 SLCPs 的认识，探讨减少 SLCPs 产生、减缓对亚太地区影响的快速行动。会议呼吁采取紧急行动应对包括黑碳、CH_4、对流层 O_3 及许多 HFCs 在内的 SLCPs 问题，并作为应对气候变化问题的其他多边行动的补充，特别是有关 CO_2 及其他环境和发展问题的多边行动。此外，这些污染的控制有利于减轻近期变暖的程度及对亚太和全球的影响。

会议明确了在亚太地区控制 SLCPs 的一系列优先措施，包括与国际合作伙伴之间开展改善信息和数据的来源和共享、制度和信息基础设施的开发等工作；促进炊、暖和照明的更加清洁和高效，总体上推动使用清洁能源；减少运输源的排放，尤其是卡车和其他重型车辆、柴油发电机和其他引擎；减少砖窑和大米蒸煮装置的黑碳排放；减少农业焚烧和农业的 CH_4 排放量；减少煤矿的 CH_4 排放；减少废物处理和开放焚烧过程中 CH_4、黑碳及其他 SLCPs 相关的排放，这些处理和焚烧过程往往被认为是城市固废和废水无害化城市管理的一部分；减少石油和天然气行业 CH_4 的泄漏、排放和燃烧；避免采用高 GWP 的 HFCs，促进低 GWP 替代品的推广，提高制冷和空调系统的能源效率。

必须强调的是，SLCPs 的控制必须结合国家和地区的能源结构、生产生活方式、发展阶段等内容，采取因地制宜的措施并确定优先领域，不可能有千篇一律的模式。同时还必须注意，SLCPs 的控制首先是为了弥补长寿命温室气体控制的不足，是不能取代和影响 CO_2 的控制进程。最后还需注意的是，目前全球许多气候或清洁空气倡议背后可能会有一些利益集团，一些冠冕堂皇的理由后面充斥着铜臭，这就是为什么我们必须坚持以我为主、趋利避害的原则的原因。

9.2.5 计算机模型在实现"一盘棋"理念中的作用

关于基于计算机的协同效应评估方法和手段，实际已在 9.2.3 作了一些介绍，这里再从另一侧面进行描述。计算机模型是实现"一盘棋"思想的主要工具，建立和完善数字化的预测和评价标准更离不开计算机模型。借助计算机模型的基本目的是：定量评价某时期内某区域实施污染减排措施同时对减少温室气体排放的贡献。目前，针对气候变化与空气污染的预测和评估，国内外学者利用不同的方法对其开展了相关研究，其研究方法可大体归纳为模式研究法、统计法和情景分析法三类。

模式研究法是对空气污染与气候变化预测和评价的主要手段。该方法结合政策效益分析可实现对空气污染防控措施和应对气候变化政策的效益评估以及预测。目前，利用的模式主要有空气质量模式、辐射传输模式、大气化学-气候耦合模式和区域气候模式。在模式研究法中，应用最为广泛且最为复杂的是大气化学-气候耦合模式。利用模式研究法可以较为准确地模拟污染物和气候变化相互影响的过程，这种模拟具有复杂的大气物理和化学机理，但其涉及路面过程、积云对流参数化、辐射方案、资料同化、尺度转换等方面，因此模拟过程非常复杂，再考虑到模式积分的时间步长比较大，故模拟计算也耗时。此外，不同模式对不同下垫面以及不同区域性气候的适用性不同。即使模式结论一致，其结果也有可能出现偏差，这是由于所有模式均存在不足和不确定性，其中全球和区域尺度耦合是普遍存在的问题。综上所述，利用模式研究法的计算机模型现阶段存在一定的不确定性，今后应在气候变化模拟及预测、区域空气质量数值模拟、气候变化与空气污染政策效应分析等方面加强研究。

统计法一般是基于统计学原理对空气污染成分与气象要素之间的关系作相关性分析，基于该方法得到的空气污染与气象要素关系，通过效益分析可对政策的成本和效益进行统计分析。统计法已被证明是衡量气象条件对空气污染影响行之有效的方法之一。由于统计法适合于由观测数据直接建立模型，因此，统计模型非常适合于量化空气污染物对单独气象要素的响应。但是统计法并不能充分描述空气污染物在生成与积累时所涉及的物理、化学与气象过程，故该方法可以联合模式研究法进行研究，从统计概率和物理化学过程两个角度相互验证，以减少结论的不确定性。

情景分析法广泛应用于研究未来气候变化或假定的气候情景下对空气污染、能源、经济发展等的影响以及气候变化应对、政策的制定等，通过假定未来不同的气候变化情景或污染物排放情景，以分析与该情景相联系的后果、措施、政策等。例如，Bollen 等利用情景分析法将局地空气污染和全球气候变化相结合进行研究，讨论了采取空气污染控制技术和气候变化管理策略的投入和产出，研究显示采取综合性的环境策略可以产生附加效益。Uherek 等研究了陆地道路运输对大气污染和气候变化的影响，针对未来的交通运输业污染物排放，利用情景分析法分别对空气污染和气候变化的影响进行了模拟和分析，为合理控制和减排陆地交通运输空气污染物提供了科学依据。目前，我国 CO_2 等温室气体和气溶胶等大气污染物的排放量增长迅速，通过情景分析法对不同政策进行效益分析，进而制定更加合理、有效的减排措施，对于我国开展节能减排、应对气候变化以及经济社会的可持续发展有着重要的现实意义。

9.3　国际合作

全球气候变化问题日益受到国际社会的广泛关注。气候变化与空气污染问题已经从一个单纯的环境保护问题演变为一个环境、经济和政治的混合体。为了应对全球气候变化及空气污染，需要建立一个国际合作机制。中国作为发展中大国，温室气体的排放量已经居于世界第一位。而且随着经济的发展、综合国力的提高，中国在国际事务中的影响力日益增强，因此中国在气候变化国际合作机制的形成、发展和未来走向中扮演着举足轻重的角色。中国应当积极参与气候领域的国际合作，并通过参与制定合作机制，争取尽可能大的发展空间和国家利益。

《联合国气候变化框架公约》及《京都议定书》奠定了应对气候变化国际合作的法律基础。公约确立的"共同但有区别的责任"的原则，反映了各国经济发展水平、历史责任、当前人均排放上的差异，是开展气候领域国际合作的基础。应该维护公约及其议定书作为应对气候变化的核心机制和主渠道地位，将公约确定的原则作为应对气候变化的指导原则。根据公约规定的这一原则，发达国家应带头减少温室气体排放，并向发展中国家提供资金和技术支持；发展经济、消除贫困是发展中国家压倒一切的首要任务，发展中国家履行公约义务的程度取决于发达国家在这些基本的承诺方面能否做到切实有效的执行。《京都议定书》首先规定了发达国家到 2012 年所要达到的一个减排目标。但总体来看，这个目标并未实现。发达国家应该正视自己的历史责任和其当前人均排放水平仍然居高的现实，严格执行《京都议定书》确定的减排目标，并在 2012 年后继续率先减排，并切实履行《联合国气候变化框架公约》及《京都议定书》规定的向发展中国家提供资金和转让技术的义务，帮助发展中国家提高减缓和适应气候变化的能力。发展中国家应该根据自身能力积极采取有效措施，为应对气候变化做出贡献。

国际社会在推动气候变化后京都国际谈判进程中，要继续坚持"共同但有区别的责任"原则，发达国家要明确作出继续率先减排的承诺；要平衡推进、按时完成谈判，切实体现对减缓、适应、技术、资金四方面的同等重视；要坚持把《联合国气候变化框架公约》及《京都议定书》作为气候变化国际谈判和合作的主渠道、其他倡议和机制作为有益补充的安排。发达国家应按"共同但有区别的责任"原则继续率先大幅度量化减排，并在资金、技术、适应、能力建设方面向发展中国家提供支持，帮助发展中国家提高应对气候变化的能力。发展中国家也应在此前提下，在可持续发展框架下为应对气候变化做出力所能及的努力。气候变化国际合作需要坚持"减缓"与"适应"并重，减缓和适应气候变化是应对气候变化挑战的两个有机组成部分。对于广大发展中国家来说，减缓全球气候变化是一项长期、艰巨的挑战，而适应气候变化则是一项现实、紧迫的任务。

适应气候变化是发展中国家最为关心的问题，是应对气候变化挑战的重要组成部分。发达国家应本着共同发展的精神，积极帮助发展中国家提高适应能力，增强应对气候灾害的能力。要建立适应气候变化的战略和机制，特别是要提高发展中国家防灾减灾、早期预警和灾害管理的能力，以减缓气候变化的不利影响。气候变化从根本上说是发展问题，只有在可持续发展的前提下才能妥善解决。应该建立适应可持续发展要求的生产方式和消费方式，优化能源结构，推进产业升级，发展低碳经济，从根本上应对气候变化的挑战。

在应对气候变化国际合作领域需要增加资金投入，多渠道筹措资金。目前，气候变化国际合作资金缺口很大。在近期几轮的国际谈判过程中，与会代表指出，发达国家应为帮助发展中国家减排和适应气候变化筹集更多资金。应该推动完善全球环境基金等现有资金机制，尽快落实适应基金下的活动，为发展中国家适应气候变化提供新的额外的资金支持。同时，国际社会需要增加资金投入，加强节能、环保、低碳能源等技术的研发和创新合作，特别是加强技术的推广和利用，使广大发展中国家买得起、用得上这些技术。应该尽快启动《京都议定书》的适应基金，并对所有发展中国家开放；完善全球环境基金和清洁发展机制的运作，使发展中国家更加受益；扩大适应资金来源，为发展中国家适应气候变化提供新的和额外的资金支持。在应对气候变化国际合作领域需要加大技术转让力度。技术进步对减缓和适应气候变化具有决定性作用，技术转让是国际社会在气候变化领域广泛讨论的焦点话题之一。科技进步和创新是减缓温室气体排放、提高适应能力的有效途径，在应对气候变化的努力中发挥着先导性、基础性作用。一些现有的或者在未来几十年中有望投入使用的科技手段能够起到稳定温室气体排放水平的作用。国际社会应该积极探讨建立有效的技术转让和推广机制，使技术转让国际机制落实到位，实现技术共享，确保广大发展中国家买得起、用得上气候和环境友好型技术。

《京都议定书》清洁发展机制允许承担减排义务的国家为不承担减排义务的国家使用先进的技术提供资金支持，以获取减排额度，这实际上促进了技术转让。但是清洁发展机制只能部分解决利用科技应对气候变化方面存在的市场问题，还需要更多的技术转让机制来促进政府与政府间的技术合作。要建立有效的国际技术合作研发和转让机制，给技术研发和转让提供激励措施，以优惠方式向发展中国家转让现有技术。发达国家应减少贸易和技术壁垒，消除技术转让的障碍，支持尽早落实公约关于技术转让的规定，不能只强调市场机制的作用，把应对气候变化的任务全部推向市场。发展中国家则要注重引进、消化、吸收先进清洁技术，以提高共同应对气候变化的能力。在以公约和议定书作为国际合作的基本框架的基础上，应该开发其他开展务实合作的倡议和机制作为公约框架补充。目前正在进行的国际气候变化谈判进程则为加强技术开发和转让、增加发展中国家获得可支付技术的途径及促进国际技术合作提供了重要机会。未来的国际技术转让机制需要能够提供包括可靠的资金等各种激励手段增加对于发展中国家开发和利用环保型科技的投资，同时应帮助发展中国家加强机构能力建设，以推动国家主导的依靠科学技术应对气候变化的方案。同时，在最终的国际应对气候变化框架中，应该考虑建立系统的技术转让评审和评估机制。

结语

　　迄今为止，许多政策措施旨在减少单一污染物或相关污染物排放量，并没有考虑其附属效益和对其他领域的负面影响。如何应对排放控制策略带来的利益冲突以及如何使政策效益最大化已成为各国政府与公众面临的重要问题，同时也是气候变化和空气污染政策效益研究的重要研究课题。目前，联合减排和协同控制被认为是应对气候变化和空气污染的经济有效的策略，该策略强调采取"一盘棋"思想，即在综合评估排放控制策略（针对温室气体和空气污染物）的成本和效益时，应包含实施措施的潜在附属效益，同时须考虑到利弊权衡局面对成本和效益带来的影响。如果在排放控制策略的设计中已经采用此种方式（即将协同效益最大化，且尽量避免可能的利弊权衡局面），那么该协同控制甚至会带来更大的利益。深刻理解控制策略的多重效益能够使排放控制政策在工业化国家和发展中国家中更加经济可行。采用"一盘棋"思想，实施联合和协同减排，可以很好地处理温室气体和大气污染的控制与国民经济的相互协调问题，有效实现对立中的统一。

参考文献

[1]　蒋维楣，孙鉴泞，曹文俊，等. 空气污染气象学教程[M]. 北京：气象出版社，2004.

[2]　Jacob D J，Winner D A. Effect of climate change on air quality[J]. Atmospheric Environment，2009，43：51-56.

[3]　Liao K J，Tagaris E，Manomaiphiboon K，et al. Sensitivities of ozone and fine particulate matter formation to emissions under the impact of potential future climate change[J]. Environmental Science & Technology，2007，41（24）：8355-8361.

第10章

控制空气污染和应对气候变化：中国行动

导语

过去几十年的高速发展，使中国在经济发展、国力提升和生活改善的同时，也成为全球 CO_2 排放第一大国（虽然人均远不是第一）；同时，西方上百年先后出现的空气污染类型，中国在最近 30 年集中出现，形成复合型的空气污染局面，以频繁出现的重度霾天气为标志，以 O_3 和二次气溶胶明显上升为特征。面对严峻的形势，中国在空气污染和气候变化领域正在采取积极的行动，但在系统地、科学地和有意识地采取协同控制措施方面仍需加紧努力。

10.1 中国认识空气污染和气候变化的过程

10.1.1 空气污染的认识

20 世纪四五十年代在欧洲、美洲和亚洲多个国家爆发了严重的大气污染公害事件，导致近万人付出了生命的代价，也促使全世界对大气污染进行了重新认识。20 世纪 60 年代末，西方发达国家爆发了一场前所未有的环境保护运动。

这一阶段中国刚经受过战争的打击，经济复苏和发展成为整个国家最重要的任务之一，对环境问题特别是大气污染防治的认知尚不清晰。1972 年 6 月，周总理派遣了一个大型的由中国政府官员组成的代表团，参加了在斯德哥尔摩召开的人类环境会议，此次环境会议对中国环境保护事业的起步起了很大的推动作用。1973 年 8 月 5 日至 20 日，由国务院委托国家计委在北京组织召开的中国第一次环境保护会议，审议通过了"全面规划、合理布局、综合利用、化害为利、依靠群众、大家动手、保护环境、造福人民"的环境保护工作 32 字方针和中国第一个环境保护文件——《关于保护和改善环境的若干规定》。该会议推动了中国环境保护工作的开展，迈出了中国环境保护事业关键性的一步。从这次会议以后，中国开始普遍使用环境保护这个基本概念，开始了具有自身特色的、相对独立的环境保护事业，中国大气污染防治工作也随之正式开始。大气污染防治的重点首先放在了颗粒物上，1979 年之前，防治工作着重于单项炉窑的消烟除尘，各地环保部门做了大量工作，取得了一定成绩，但在全民环保意识相对薄弱的大背景下，取得的效果并不十分明显。1979 年，中国颁布了《中华人民共和国环境保护法（试行）》，提出了综合治理大气污染的措施。20 世纪 80 年代《中华人民共和国大气污染防治法》的颁布，确定了中国以工业点源治理为重点，防治煤烟型污染为主的大气污染防治基本方针，提出通过消烟除尘等方法进行大气污染的控制。

20 世纪 90 年代开始，随着 SO_2 和酸雨问题的日益凸显，大气污染控制的重点由单一控制颗粒物，向颗粒物和 SO_2 的同步控制进行转变。1991 年中国开始实施《燃煤电厂大气污染物排放标准》（GB 13223—91），逐渐对电厂 SO_2 排放实行总量控制。在此期间，国务院批准了以 SO_2 和酸雨控制为主的"两控区"划分方案。

近年来，中国的大气污染形势更加严峻，在煤烟型污染尚未根本解决的情况下，由于机动车保有量的大幅增加导致 NO_x 和人为源 VOCs 的大量排放，在多个区域形成了特征、过程、成因和影响均非常复杂的复合型污染，使城市大气污染控制进入一个相对艰难的瓶颈期。"十一五"期间 SO_2 总量控制工作获得了全面的成功，"十二五"中国又在此基础上提出了 NO_x 总量控制和在重点区域控制 VOCs 的思路。特别是在当前城市和区域霾问题的压力下，国家对脱硫和脱硝工作的重视程度进一步加强。《国家环境保护"十二五"规划》明确要求，"新建燃煤机组要同步建设脱硫脱硝设施……加快燃煤机组低氮燃烧技术改造和烟气脱硝设施建设，单机容量 30 万 kW 以上（含）的燃煤机组要全部加装脱硝设施……新建烧结机应配套建设脱硫脱硝设施。加强水泥、石油石化、煤化工等行业二氧化硫和氮氧化物治理。石油石化、有色、建材等行业的工业窑炉要进行脱硫改造。新型干法水泥窑要进行低氮燃烧技术改造，新建水泥生产线要安装效率不低于 60% 的脱硝设施。因地制宜开展燃煤锅炉烟气治理，新建燃煤锅炉要安装脱硫脱硝设施，现有燃煤锅炉要实施烟气脱硫，东部地区的现有燃煤锅炉还应安装低氮燃烧装置"。2013 年 9 月 10 日，国务院颁布《大气污染防治行动计划》，从十个方面部署了具体的大气污染控制措施，提出了到 2017 年，全国地级及以上城市可吸入颗粒物浓度比 2012 年下降 10% 以上，优良天数逐年提高；京津冀、长三角、珠三角等区域细颗粒物浓度分别下降 25%、20%、15% 左右，其中北京市细颗粒物年均浓度控制在 60 μg/m³ 左右的具体目标。

10.1.2 气候变化认识的过程

18 世纪中叶工业革命以来，全球气候正经历一次以变暖为主要特征的显著变化，进入 21 世纪，全球变暖的趋势还在加剧。全球气候持续变暖深刻影响着人类赖以生存的自然环境和经济社会的可持续发展，是当今国际社会共同面临的重大挑战。自 1972 年国际社会开始关注气候变化以来，人类为保护全球环境、应对气候变化共同努力，不断加深认知，不断凝聚共识，不断应对挑战。

中国是农业大国，早在 5 000 年前的新石器时代末期，各地农业已较发达。由于农业与自然条件息息相关，随着社会生产力的发展，战国时期黄河中下游地区的人民经过农业生产中长年累月的观察总结和完善了二十四节气，用以指导农业生产，实现对气候条件的充分利用，从而达到高产和多产。因此，我国人民对气候变化的感知和认知最早可以追溯到公元前 200 多年[1]。

现代中国对气候变化的关注和认知主要从 20 世纪 70 年代开始，常用的历史序列重建的代用资料有树木年轮、石笋、冰芯、黄土和历史文献等。在一些人类活动历史较悠久的地区，自然证据相对匮乏，而文字记载则颇为丰厚，因此这一时期中国科学家主要通过整理历史文献中的温度和降水（包括旱涝）记载，来构建气候变化的历史序列。1973 年，竺可桢基于开创性的历史温度研究发表文章《中国近 5000 年来气候变迁的初步研究》，将我国过去 5 000 年分为考古时期、物候时期、方志时期和仪器观测时期四个不同的阶段，并指出在 5 000 年的时间跨度内存在着多个尺度的变化周期。从 20 世纪 70 年代末期开始，基于文献资料重建历史序列的工作取得了丰硕的成果，如重建了过去 2 000 年中国东部冬半年温度变化序列，全国 120 个站点 1470 年以来逐年的旱涝等级，中国东部过去千年逐年的干湿指数序列，以及过去 300 年中国东北地区土地覆被类型变化等。

从 20 世纪 90 年代开始，由于代用资料的大规模开发，黄土、冰芯、孢粉、树木年轮以及史料的收集、整理，使近十余年来中国气候变化的研究有了很大的进展，为揭示中国古气候的特征提供了丰富的资料。这段时间也正是国际上气候变化研究突飞猛进的时期，因此，这方面的研究不仅填补了我国的空白，也对世界范围的气候变化研究做出了贡献。

研究证明，过去 1 万年我国的气候存在千年尺度的周期变化，先后经历了末次冰期冰盛期和全新世大暖期。在千年尺度上，过去 2 000 年是气候变化由自然因素驱动占主导地位过渡到人类活动因素与自然因素共同驱动的阶段，也是气候变化自然证据和人文证据并存的阶段。这一时期存在百年尺度的冷暖、干湿变化，我国普遍经历了四个暖期和三个冷期的交替变化。在百年尺度上，由于观测仪器的发明，使人类认识和了解气候变化的时间大大缩短。中国气候变化的情况与同期全球趋势相当，升温幅度为 0.5～0.8℃。1920—1940 年与 1980 年中期以后，是 20 世纪以来出现的两个增暖期，近百年中国的增温主要发生在冬季，夏季气温变化不明显，与全球及北半球平均情况一致。与此同时，1950 年以来，对流层上层及平流层下层温度略有下降，地面总辐射量减少，但整体而言降水无明显的趋势性变化，仅存在 20～30 年尺度的年代际振荡。受其影响，中国大部分地区冰川面积缩小了 10%，大量作物的种植界限发生北移西扩现象，极端气候事件的频率和强度也发生巨大改变，表现为南方强降水事件增强增多，全国气象干旱面积增加，寒潮和霜冻日数减少，东部霾日明显增加，北方地区沙尘暴频率总体下降等[2]。

10.2 中国空气污染和气候变化方面的现状

近年来，随着我国城市化进程的加快以及工业结构的日益复杂，我国环境空气污染状况和特征发生了显著的变化。在 SO_2 和颗粒物污染问题尚未得到根本解决的同时，工业化和机动车导致的 NO_x、VOCs、汞、黑碳等污染物的排放量居全球前列，以 $PM_{2.5}$ 和 O_3 为代表的二次污染日趋严重，成为许多城市和地区空气质量进一步改善的主要障碍。现阶段我国大气环境多污染物、高浓度、多尺度、多来源的复杂污染特征，是发达国家历经上百年陆续出现的问题在我国二十几年内集中爆发的典型表现，导致我国大气环境污染问题日益复杂，使我国大气污染控制决策和管理面临严峻的挑战。

10.2.1 我国大气污染呈现区域复合型

我国的大气污染形势十分严峻并已进入严重的区域复合污染阶段，突出表现为以霾为表征的 $PM_{2.5}$ 污染日益严重。图 10-1 是美国航空航天局观测的 2001—2006 年全球 $PM_{2.5}$ 浓度平均值，从图中可以发现我国已经成为 $PM_{2.5}$ 污染最严重的国家之一。高浓度的 $PM_{2.5}$ 造成京津冀地区、长三角地区和珠三角地区及其他典型城市持续多日的区域性重霾污染天气屡屡发生。造成霾天气的元凶 $PM_{2.5}$ 可以穿透呼吸道的防护结构，深入到支气管和肺部，直接影响肺的通气功能，诱发肺部硬化、哮喘和支气管炎，甚至导致心血管疾病。$PM_{2.5}$ 吸附在肺泡上很难脱落，而且，细粒子颗粒物还能携带空气中的病毒、细菌、放射性尘埃和重金属等物质，对呼吸系统、心血管、免疫系统、生育能力、神经系统和遗传等都有影响[3]。

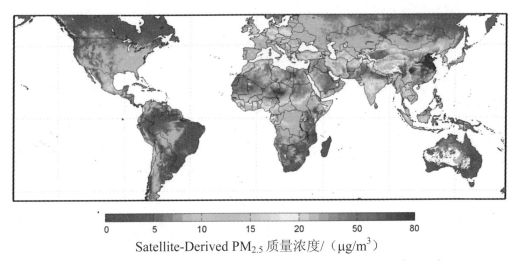

$$\text{Satellite-Derived } PM_{2.5} \text{ 质量浓度/（μg/m}^3\text{）}$$

来源：NASA，2010 年。

图 10-1　2001—2006 年卫星反演得出的 $PM_{2.5}$ 质量浓度平均值

人体每天需要呼吸 15 m^3 的空气，住在城市里的人就相当于"吸尘器"和"过滤器"。在霾天气屡屡发生的城市，人们面临着与空气中"隐形杀手"的长期亲密接触。

除霾污染以外，夏秋季节光化学烟雾污染发生频繁。光化学烟雾成分复杂，对动植物有害的主要是 O_3、PAN、醛、酮等二次污染物。人和动物受到的伤害是眼睛和黏膜受到刺激，发生头痛、呼吸障碍、慢性呼吸道疾病恶化、儿童肺功能异常等。

京津冀、长三角和珠三角三大地区大气 O_3 频频超过国家环境空气质量标准，而且逐年上升（图 10-2），使得我国数亿人口暴露在高浓度 O_3 污染之下，对人群的呼吸系统、神经系统和皮肤组织造成严重伤害。

区域性的酸雨污染呈现出新特征。总的来说，从 20 世纪 80 年代起，中国的酸雨形势经历了恶化、相对稳定、再恶化、再相对稳定四个阶段和过程。21 世纪以来，酸雨出现的区域逐渐东移，北方也出现了明显的酸雨区，酸雨区面积不断扩大；SO_4^{2-} 和 NO_3^- 是我国降水中的主要阴离子，我国降水化学组成仍属硫酸型，但是正在向硫酸硝酸混合型、硝酸型转变。

酸雨致使土壤酸化、肥力降低，有毒物质更毒害作物根系、杀死根毛，导致作物发育不良或死亡；酸雨还杀死水中的浮游生物，减少鱼类食物来源，破坏水生生态系统；酸雨污染河流、湖泊和地下水，直接或间接危害人体健康；酸雨对金属、石料、水泥、木材等建筑材料均有很强的腐蚀作用，对电线、铁轨、桥梁、房屋等均造成严重损害。在酸雨区，酸雨造成的破坏比比皆是，触目惊心，我国四川、广西等省区有 10 多万 hm^2 森林正在衰亡，乐山大佛遭酸雨腐蚀而严重损坏（图 10-3）。

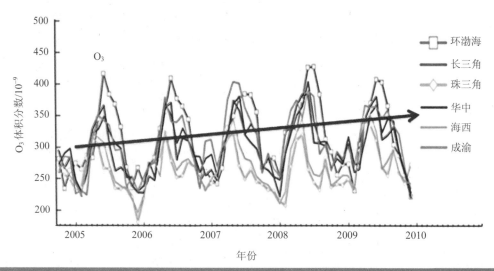

图 10-2　典型区域及城市群 O$_3$ 体积分数逐年上升

酸雨腐蚀植物

酸雨破坏水生生态

酸雨腐蚀建筑

乐山大佛遭酸雨腐蚀

图 10-3　酸雨危害

10.2.2 大气污染跨界问题引发国际关注

近年来霾及 $PM_{2.5}$ 污染问题引发了公众对环境空气质量的普遍关注，2011 年美国大使馆公布北京市 $PM_{2.5}$ 的浓度值更是引起了全民范围的对其的普遍关注与讨论，并间接推动了我国环境空气质量标准修订[4]和各城市开展 $PM_{2.5}$ 监测的进程[5]。

由于我国大气污染物排放量巨大，特别是颗粒物、SO_2、NO_x、CO_2、汞、黑碳等污染物的排放总量居全球前列，此外由于大气环境本身无刚性边界，大气污染的跨境输送已引起相关国家的高度关注，如可影响局部地区气候及改变降水分布的大气棕色云。

1998 年 4 月中旬，来自我国西北和内蒙古西部的沙尘暴扬起的浮尘，随西北气流一直飘到华北中部和长江中下游的中东部，然后飘洋过海，使 17 日 08 时地面天气图上韩国济州岛和日本九州等地也都标上了浮尘天气符号。这种浮尘甚至可以随高空气流继续东移到达夏威夷和格陵兰；北非撒哈拉沙漠的浮尘也可以乘东北信风越过大西洋到达南美洲。图 10-4 是美国航空航天局的卫星拍摄到的我国甘肃、新疆等地发生沙尘暴后沙尘传播到美国西海岸的全过程。

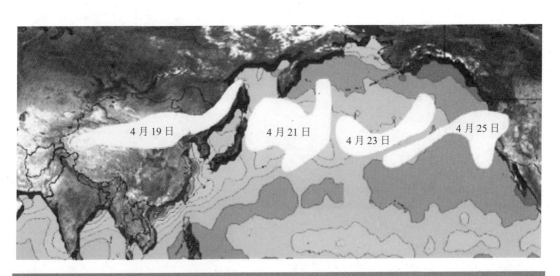

图 10-4 美国航空航天局卫星拍摄的 1998 年 4 月 17 日起源于中国新疆地区的特大沙尘暴

2005 年 5 月，有报道称，日本九州大学及日本国立环境研究所联合研究小组人员通过研究计算发现，5 月 6 日下午 3 时，中国沿海有些地区出现 O_3 浓度高的情况，当时日本各地 O_3 浓度仍低，但位于东海的高气压北侧刮起西风，7—9 日，高浓度的 O_3 从中国扩散至日本。8 日，扩散至九州岛等地，有些地区几乎快达到需发出注意光化学烟雾警报的基准。9 日，新潟县自 1972 年开始观测光化学烟雾以来，首度发出注意警报的信息。报道称日本一些专家认为，源自中国跨境污染的影响有愈来愈大的趋势。

2012 年 7 月，联合国环境规划署召集的政府间谈判委员会第四次会议召开，代表们对具有法律约束力的《全球汞公约》（简称《全球汞文书》）的草案进行进一步谈判，削减汞的供应、减少产品和工艺对汞的需求以及减少汞的国际贸易仍是谈判过程中的重点领域。

图 10-5 是联合国环境规划署发布的 2010 年人为汞排放量全球分布情况，可以看出我国是人为汞排放最严重的国家之一。"我国作为全球汞使用量和排放量最大的国家，在《全球汞文书》谈判中面临着巨大的汞减量减排压力"。经过四年多的谈判，包括中国和美国在内的 140 多个国家 19 日就首个防治汞污染的国际公约——《水俣汞污染防治公约》达成共识。该公约在全球范围内具有法律约束力。公约规定，各国政府同意在 2020 年之前禁止一系列含汞产品的生产和贸易，包括含汞的电池、开关、节能灯、肥皂以及化妆品等。同时，使用汞的温度计和血压仪也应在 2020 年之前被逐渐取代。各国 2013 年 10 月起签署这项公约，公约在 50 个国家签署后正式生效。

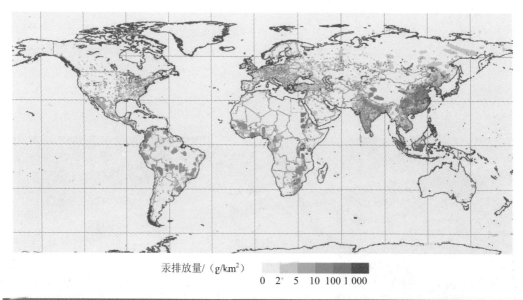

汞排放量/（g/km²）

0　2　5　10　100　1 000

图 10-5　联合国环境规划署发布的 2010 年人为汞排放量全球分布

10.2.3　气温持续升高，干旱频发

IPCC 发表的几次气候变化评估报告，从多方面分析了近百年全球气候变化的情况，指出了全球变暖是全球气候变化的中心内容。近 50 年的全球气候变暖主要是由人类活动大量排放 CO_2、CH_4、N_2O 等温室气体的增温效应造成的。在全球变暖的大背景下，中国近百年的气候也发生了明显变化。有关中国气候变化的主要观测事实包括：一是近百年来，中国年平均气温升高了 0.5～0.8℃，略高于同期全球增温平均值，近 50 年变暖尤其明显。从地域分布看，西北、华北和东北地区气候变暖明显，长江以南地区变暖趋势不显著；从季节分布看，冬季增温最明显。1986—2005 年，中国连续出现了 20 个全国性暖冬。二是近百年来，中国年均降水量变化趋势不显著，但区域降水变化波动较大。中国年平均降水量在 20 世纪 50 年代以后开始逐渐减少，平均每十年减少 2.9 mm，但 1991—2000 年略有增加。从地域分布看，华北大部分地区、西北东部和东北地区降水量明显减少，平均每十年减少 20～40 mm，其中华北地区最为明显；华南与西南地区降水明显增加，平均每十年

增加 20～60 mm。三是近 50 年来，中国主要极端天气与气候事件的频率和强度出现了明显变化。华北和东北地区干旱趋重，长江中下游地区和东南地区洪涝加重。1990 年以来，多数年份全国年降水量高于常年，出现南涝北旱的雨型，干旱和洪水灾害频繁发生。四是近 50 年来，中国沿海海平面年平均上升速率为 2.5 mm，略高于全球平均水平。五是中国山地冰川快速退缩，并有加速趋势。

中国未来的气候变暖趋势将进一步加剧。中国科学家有如下预测：一是与 2000 年相比，2020 年中国年平均气温将升高 1.3～2.1℃，2050 年将升高 2.3～3.3℃。全国温度升高的幅度由南向北递增，西北和东北地区温度上升明显，预测到 2030 年，西北地区气温可能上升 1.9～2.3℃，西南可能上升 1.6～2.0℃，青藏高原可能上升 2.2～2.6℃。二是未来 50 年中国年平均降水量将呈增加趋势，预计到 2020 年，全国年平均降水量将增加 2%～3%，到 2050 年可能增加 5%～7%，其中东南沿海增幅最大。三是未来 100 年中国境内的极端天气与气候事件发生的频率可能性增大，将对经济社会发展和人们的生活产生很大影响。四是中国干旱区范围可能扩大、荒漠化可能性加重。五是中国沿海海平面仍将继续上升。六是青藏高原和天山冰川将加速退缩，一些小型冰川将消失[2]。

10.2.4　自然生态系统和社会经济遭受影响

气候变化的影响是多尺度、全方位、多层次的，正面和负面影响并存，从气候变化对自然生态系统和国民经济两个方面的影响来看：

全球变暖对我国许多地区的自然生态系统已产生影响。自然生态系统由于适应能力有限，容易受到严重的甚至不可恢复的破坏。随着气候变化的频率和幅度的增加，遭受破坏的自然生态系统在数量上有所增加，空间范围也将进一步扩大。在气候变暖的影响下，我国植被群落的结构、组成和生物量将发生变化，促使森林生态系统的空间格局转变，同时也造成生物多样性的减少；冰川数量和面积大幅缩减，冻土厚度和下界发生改变；我国境内湖泊水位下降，面积萎缩，而海平面的升高又将影响海岸带和海洋生态系统，近百年来，由气候变暖导致的升温已经使我国海平面上升速率增加 2.6 mm/a，未来海平面的继续上升，将使海岸地区遭受洪水泛滥的机会增大，遭受风暴影响的程度和严重性加深。

气候变暖对国民经济的影响更多地表现在负面，农业首当其冲。农业是对气候变化反应最敏感的部门之一，我国是农业大国，气候变暖将会给我国的农业带来三个方面的不利影响。第一，生产的不稳定性增加，产量波动增大；第二，农业生产布局和结构会出现大的变动；第三，农业生产条件改变，生产成本和投资大幅度增加。此外，气候变暖还会导致我国的水资源发生改变，使其供需矛盾进一步升级。而极端天气现象的增加势必会导致传染性疾病的加速传播，使发病率和死亡率增加。

10.3　中国政府面对空气污染和气候变化的态度、政策和行动

10.3.1　大气污染治理从粗放转向精细

《中华人民共和国大气污染防治法》（以下简称《大气污染防治法》）于 1987 年 9 月

颁布，1995 年 8 月进行了修订，对大气污染防治的监督管理，防治燃煤产生的大气污染，防治废气、粉尘和恶臭污染等内容作出了明确规定。目前我国正在进行该法的第三次修订工作。我国的大气污染治理是在环境保护实践中不断发展起来的，大体上经历了四个阶段：

第一个阶段主要以 1973 年国务院第一次全国环境保护会议为标志，本阶段大气污染防治工作以工业点源治理为主，主要包括改造锅炉、消烟除尘等控制大气点源污染的措施。第二个阶段始于 20 世纪 80 年代《大气污染防治法》的颁布，确定了我国以防治煤烟型污染为主的大气污染防治基本方针，也推动了我国大气污染防治工作从点源治理阶段进入综合防治阶段。第三个阶段为 20 世纪 90 年代至 2000 年，我国大气污染防治工作开始从浓度控制向总量控制转变，从城市环境综合整治向区域污染控制转变，跨入了一个新的历史阶段。在此期间，国务院批准了以 SO_2 和酸雨控制为主的"两控区"划分方案，并提出了相应的配套政策。"两控区"的划分在促进我国酸雨和 SO_2 的综合防治工作的同时，也在我国大气污染防治进程中发挥了重要的作用。第四个阶段的标志是 2000 年 4 月《大气污染防治法》的第二次修订，这标志着我国大气污染控制全面进入了主要大气污染物排放总量控制的新阶段。这一阶段主要针对区域复合型污染的大气环境科学研究和污染综合治理，"十一五"期间开始了 SO_2 总量控制工作，同时提出了结构减排、工程减排和管理减排的减排新思路。2013 年 9 月 10 日国务院发布《大气污染防治行动计划》，部署了大气污染防治的十条措施：加大综合治理力度，减少多污染物排放；调整优化产业结构，推动产业转型升级；加快企业技术改造，提高科技创新能力；加快调整能源结构，增加清洁能源供应；严格节能环保准入，优化产业空间布局；发挥市场机制作用，完善环境经济政策；健全法律法规体系，严格依法监督管理；建立区域协作机制，统筹区域环境治理；建立监测预警应急体系，妥善应对重污染天气；明确政府企业和社会的责任，动员全民参与环境保护。"十条措施"突出重点、分类指导、多管齐下、科学施策，把调整优化结构、强化创新驱动和保护环境生态结合起来，用"硬措施"完成"硬任务"，确保防治工作早见成效[6]。

2014 年的政府工作报告明确提出，出重拳强化污染防治，坚决向污染宣战。这不但是破解我国生态环境难题的必然选择，是推进生态文明建设的迫切需要，是提高人民群众生活质量的内在要求，也是彰显我国负责任大国形象的有力宣示。

完善的法律法规制度是环境保护工作有效开展的坚实基础，现阶段我国正在进行《大气污染防治法》的第三次修订工作。为了更好地与当前大气污染治理和环境空气质量改善、保护相结合的需求，区域性复合型大气污染问题治理的客观需求相适应，弥补现行大气法中大气污染防治、空气质量管理体系不完善、重污染风险控制缺失、缺乏大气污染区域协作机制等不足，大气法新的修订工作进行了结构的调整和内容的修改与增补。新修订的大气法强调了大气污染防治工作在国民经济和社会发展中的重要作用和地位，建立了完善的空气质量监督管理体制，完善和理顺了大气污染防治管理制度体系，进一步明确和强化政府责任，加强引导公众参与环境监督和管理，开展重污染天气应急，强化燃煤大气污染防治，工业污染防治强调全污染源、多污染物、全过程、精细化管理，强化企业责任，加强机动车环保监管，实施分类管理，强化扬尘污染综合防治，大幅提高违法成本，加大对违法行为的处罚力度。

纵观我国大气环境科学研究及大气污染控制历程，大气污染控制工作一直以来以国家需求为导向，以科学研究为支撑，大气环境保护工作从科研、理念、技术、管理等多层次经历了诸多跨越。当前中国的环保工作重心开始移向城市空气质量管理，着力于建立城市空气管理系统，制定和落实改善城市空气质量的目标政策和措施。

10.3.2　大气污染物排放得到有效控制

从"六五"计划以来，中国投入了大量人力、物力和财力推进大气环境保护工作，从推行单一污染物治理的消烟除尘，到针对酸雨污染的"两控区"方案，再到面对区域复合型污染的大气环境科学研究和污染综合治理，使我国大气污染物排放得到了有效控制[7]。

1991—1998 年，由于对大气污染的研究仍处在初级阶段，同时为了满足经济发展的需求，污染物的排放量逐年增加，到 1998 年 SO_2、NO_x 等大气污染物排放量达到最高峰。到 20 世纪末，国务院"两控区"的划定对有效治理我国酸雨问题起到了积极的推动作用，促使 1999—2002 年我国酸性污染物的排放总量呈现减少趋势，一定程度上减缓了酸雨的发展，截至 21 世纪初我国降水年平均 pH 值总体变化幅度较小，进入相对稳定期。长期以来我国主要大气污染物 SO_2、NO_x 和颗粒物排放量一直居高不下，其中 SO_2 排放量在 2006 年更是达到了历史最高水平 2 588.8 万 t。2006 年的《国家环境保护"十一五"规划》分别对 SO_2 和烟粉尘等主要污染物排放量给出了相应的控制目标。分别提出了到 2005 年"二氧化硫、尘（烟尘及工业粉尘）等主要污染物排放量比 2000 年减少 10%"，"酸雨控制区和二氧化硫控制区二氧化硫排放量比 2000 年减少 20%，降水酸度和酸雨发生频率有所降低"和到 2010 年二氧化硫排放量较之 2005 年削减 10%，"重点地区和城市的环境质量有所改善，生态环境恶化趋势基本遏制，确保核与辐射环境安全"的目标。2011 年《国家环境保护"十二五"规划》又进一步增加了氮氧化物作为总量控制指标，要求到 2015 年二氧化硫和氮氧化物的排放量较之 2010 年分别削减 8%和 10%。"十一五"总量控制结果显示，二氧化硫排放总量比 2005 年下降 14.29%，超额完成减排任务。2012 年作为"十二五"的第二个年头，二氧化硫排放量较之 2010 年下降了 3%，氮氧化物扭转上升势头，总体下降了 2.8%。总量控制的具体实践也进一步表明，在全国范围内开展总量控制，不但能够有效削减污染物排放，促进减排技术的不断更新和发展，同时还能够推动环保相关政策的配套升级，并最终实现社会经济结构的完美转型。

10.3.3　中国对待温室气体减排的立场坚定

根据《中华人民共和国气候变化初始国家信息通报》，1994 年中国温室气体排放总量为 40.6 亿 t 二氧化碳当量（CO_2-eq）（扣除碳汇后的净排放量为 36.5 亿 tCO_2-eq），其中 CO_2 排放量为 30.7 亿 t，CH_4 为 7.3 亿 tCO_2-eq，N_2O 为 2.6 亿 tCO_2-eq。据有关专家初步估算，2004 年中国温室气体排放总量约为 61 亿 tCO_2-eq（扣除碳汇后的净排放量约为 56 亿 tCO_2-eq），其中 CO_2 排放量约为 50.7 亿 t，CH_4 约为 7.2 亿 tCO_2-eq，N_2O 约为 3.3 亿 tCO_2-eq。1994—2004 年，中国温室气体排放总量的年均增长率约为 4%，CO_2

排放量在温室气体排放总量中所占的比重由 1994 年的 76% 上升到 2004 年的 83%。

中国温室气体过去排放量很低，且人均排放一直低于世界平均水平。根据世界资源研究所的研究结果，1950 年中国化石燃料燃烧 CO_2 排放量为 7 900 万 t，仅占当时世界总排放量的 1.31%；1950—2002 年中国化石燃料燃烧 CO_2 累计排放量占世界同期的 9.33%，人均累计 CO_2 排放量为 61.7 t，居世界第 92 位。根据国际能源机构的统计，2004 年中国化石燃料燃烧人均 CO_2 排放量为 3.65 t，相当于世界平均水平的 87%、经济合作与发展组织国家的 33%。

在经济社会稳步发展的同时，中国单位国内生产总值（GDP）的 CO_2 排放强度总体呈下降趋势。根据国际能源机构的统计数据，1990 年中国单位 GDP 化石燃料燃烧 CO_2 排放强度为 5.47 kg/美元（2000 年价），2004 年下降为 2.76 kg/美元，下降了 49.5%，而同期世界平均水平只下降了 12.6%，经济合作与发展组织国家下降了 16.1%。

10.3.4 中国长期致力于减缓气候变化的努力与行动

科学界对于人类活动可以影响气候变化的认识虽然有长期的历史，但国际上采取实质性的应对行动是近 30 年的事。中国高度重视气候变化问题，是最早制定实施"应对气候变化国家方案"的发展中国家。长期以来，中国作为一个负责任的大国，一直都致力于通过各种方式和手段，减缓气候变化及其影响。2009 年 9 月 22 日举行的联合国气候变化峰会上，胡锦涛同志明确提出了中国今后一个时期应对气候变化的目标，即"将进一步把应对气候变化纳入经济社会发展规划，并继续采取强有力的措施。一是加强节能，提高能效工作，争取到 2020 年单位 GDP CO_2 排放比 2005 年有明显下降。二是大力发展可再生能源和核能，争取到 2020 年非化石能源占一次能源消耗比重达到 15% 左右。三是大力增加森林碳汇，争取到 2020 年森林面积比 2005 年增加 4 000 万 hm^2，森林蓄积量比 2005 年增加 13 亿 m^3。四是大力发展绿色经济，积极发展低碳经济和循环经济，研发和推广气候友好技术"。同年 11 月，在哥本哈根会议上，国家发改委副主任解振华指出，"中国政府决定到 2020 年全国单位国内生产总值 CO_2 排放比 2005 年下降 40%～45%。这是中国根据国情采取的自主行动，也是中国为全球应对气候变化做出的巨大努力，充分表明了中国政府在应对气候变化方面积极负责任的态度。中国实现上述目标的决心是坚定不移的"。事实上，从 20 世纪 90 年代初开始，我国已在应对气候变化方面做出了大量积极的努力，大致包括三个不同的发展阶段，分别是机构建立、《京都议定书》的签署和具体行动。

1990 年，我国政府在当时的国务院环境保护委员会下设了国家气候变化协调小组，从那时起中国政府相继派出代表团参加了《联合国气候变化框架公约》的谈判和签署公约等活动，并于 1993 年批准了这一公约。1998 年又设立了国家气候变化对策协调小组，由国家发展计划委员会牵头，成员包括国家发展计划委员会（SDPC）、国家经贸部（SETC）、科技部（MOST）、国家气象局（CMA）、国家环保总局（SEPA）、外交部、财政部、建设部、交通部、水资源部、农业部、国家林业局、中国科学院（CAS）以及国家海洋局等部门。

1998 年我国签署了人类第一部限制各国温室气体排放的国际法案——《京都议定书》。

该法案全称是《联合国气候变化框架公约的京都议定书》，由联合国气候大会于 1997 年 12 月在日本京都通过。其目标是将大气中的温室气体含量稳定在一个适当的水平，进而防止剧烈的气候改变对人类造成伤害。2002 年我国正式批准了该议定书。

《京都议定书》批准之后，中国政府在应对气候变化方面做出了更加积极的努力。2004 年我国完成《气候变化初始国家信息通报》并提交公约秘书处。2006 年年底完成《气候变化国家评估报告》，该报告是我国编制的第一部有关全球气候变化及其影响的国家评估报告。报告共分三个部分："气候变化的历史和未来趋势"、"气候变化的影响与适应"和"气候变化的社会经济评价"。该报告系统总结了我国在气候变化方面的科学研究成果，全面评估了在全球气候变化背景下中国近百年来的气候变化观测事实及其影响，预测了 21 世纪的气候变化趋势，综合分析评价了气候变化及相关国际公约对我国生态、环境、经济和社会发展可能带来的影响，提出了我国应对全球气候变化的立场和原则主张以及相关政策。2007 年我国政府公布了《中国应对气候变化国家方案》，这是发展中国家在该领域的第一部国家方案，同年《中国应对气候变化科技专项行动》正式启动。2008 年《中国应对气候变化的政策与行动》白皮书发布，全面介绍了气候变化对中国的影响、中国减缓和适应气候变化的政策与行动，以及中国对此进行的体制机制建设。2009 年，代表中国政府有关哥本哈根气候变化会议立场的文件"落实巴厘路线图"发表，文中阐述了中国关于哥本哈根会议落实巴厘路线图的立场和主张，表明中国积极、建设性推动哥本哈根会议取得积极成果的意愿和决心。近年来，我国又相继完成了第二次《气候变化国家评估报告》的编写工作，第十一届全国人民代表大会常务委员会第十次会议通过了国务院《关于应对气候变化工作情况的报告》，并在广东、辽宁、湖北、陕西、云南五省和天津、重庆、深圳、厦门、杭州、南昌、贵阳、保定八市开展低碳试点工作。

妥善应对气候变化，事关国内国际两个大局。我国正处于经济快速发展的关键阶段，加之地域辽阔，生态和气象条件复杂多样，受气候变化影响非常严重。近年来，中国在应对气候变化方面做出更加积极的努力，在国际上扮演了更加重要的角色，承担了更多的责任，这些都得到了来自世界各国的赞赏。事实证明，发展的中国在前进，前进的中国在行动。

10.3.5　中国的减排行动卓有成效

作为一个负责任的发展中国家，自 1992 年联合国环境与发展大会以后，中国政府率先组织制定了《中国 21 世纪议程——中国 21 世纪人口、环境与发展白皮书》，并从国情出发采取了一系列政策措施，为减缓全球气候变化做出了积极的贡献（表 10-1）。

表 10-1　中国减排行动及其成效

序号	行动	成效
1	调整经济结构，推进技术进步，提高能源利用效率	减排 18 亿 tCO_2
2	发展低碳能源和可再生能源，改善能源结构	减排 3.8 亿 tCO_2
3	大力开展植树造林，加强生态建设和保护	减排 51.1 亿 tCO_2
4	实施计划生育，有效控制人口增长	每年减排 13 亿 tCO_2

序号	行动	成效
5	加强了应对气候变化相关法律、法规和政策措施的制定	强化一系列应对气候变化相关的政策措施
6	进一步完善了相关体制和机构建设	成立了由 17 个部门组成的国家气候变化对策协调机构
7	高度重视气候变化研究及能力建设	编写《气候变化国家评估报告》
8	加大气候变化教育与宣传力度	召开"气候变化与生态环境"等大型研讨会；开通"中国气候变化信息网"

10.4 需挖掘更大的潜力搞好协同控制

所谓协同效应，其内涵包括两个方面：一是在控制温室气体排放的过程中减少了其他局域污染物的排放（如 SO_2、NO_x、VOCs 和 PM 等）；二是在控制区域污染物排放及生态建设过程的同时也可以减少或吸收温室气体的排放。长期以来，大气污染物控制和温室气体的减排始终被认为是两条平行的铁轨，没有交集可言，在科学界也多年处于分而治之的境地。但是 2005 年 12 月 22 日英国和美国科学家发表在《自然》杂志上的报告，最终打破了这一寂静。报告指出，对卫星数据的计算结果表明，空气中的颗粒可以分散和吸收阳光，遏制全球变暖的趋势。生产生活中产生的煤烟和粉尘中存在一些悬浮颗粒。这种颗粒一方面可导致呼吸道疾病，另一方面又能吸收太阳光。计算结果表明，从 1900 年开始，全球平均温度上升了 0.7℃。但假如大气中没有悬浮颗粒，全球平均温度可能将会上升 1℃。这一证据将大气污染和温室气体带到了同一个舞台，而两者的协同控制更成为科学界研究和讨论的新宠。

2010 年美国通过了《清洁空气法案》修正案，将温室气体认定为空气污染物，不但一举扫平了长期阻碍其实施低碳发展战略和政策的主要障碍，同时也开启了从末端直接控制温室气体排放的政策之门。美国政府认定温室气体为空气污染物对于全世界的碳减排意义深远，国际碳市场、交易和减排进程都将受此影响而出现变化。作为碳排放大国的中国，一方面应注意这一新发展趋势下的潜在挑战，加快节能减排领域的立法和政策研究；另一方面，也应看到此后国际新能源产业和市场的发展动向，抓住新的发展契机，推动国内的经济和产业转型。基于这一背景，我国的大气污染与温室气体问题要从协同控制角度出发，做好以下研究和工作：

1）应对态度的协同。随着全球气候变化不断被人类认识和探索，出于对全球气候变化可能对人类社会生存造成严重影响的忧虑，自 20 世纪 70 年代起，国际科学界和各国政府就开始讨论人类社会如何响应全球气候变化并随即采取了相应的对策。"阻止"、"减缓"和"适应"是人类对全球气候变化先后采取的三种不同响应行为，在分别经历了"预防和阻止"（Prevention），以及"减缓"（Mitigation）之后，1992 年签署的《联合国气候变化框架公约》明确指出，减缓和适应气候变化是人类社会应对全球气候变化的两种主要选择。从此，人类开始逐渐走上一条被普遍认同的道路——"适应"（Adaptation），确切地说是"减缓"与"适应"并重的道路。

减缓气候变化是指通过减少温室气体排放源或增加吸收汇来减轻气候变化可能带来的影响；而适应则是在承认气候变化不可避免的前提下，自然或人类系统为应对现实的或预期的气候刺激及其影响而作出的调整，通过改变人类社会的脆弱性以减轻或规避气候变化带来的风险并开发有利的机会。适应包括预防性适应和应对性适应、个体适应和集体适应、自发适应和有计划适应等。减缓与适应都是人类社会应对气候变化所做出的政策响应行为，但二者针对的主体有所不同，减缓是针对地球气候系统的人类干预行动，而适应则是针对于人类社会本身的自我调整[2]。

随着国际全球气候变化研究战略的调整，全球气候变化适应问题已被提升到可持续发展能力建设的高度，全球气候变化的影响与适应研究不但是今后一个时期内科学研究的重点，而且已经成为国际社会关注的焦点。全球气候变化适应问题也从一个遥远的科学问题，转变为亟待解决的社会政治经济问题。

2）政策协同。事实证明，缺少上位法的支撑对于一项环保措施而言将寸步难行，因此在政策法规上给予协同控制以支撑，将更加有利于取得好的效果。目前，我国在国家法规和相关政策、部门政策以及地方政策方面已经分别出台了《21 世纪议程》《中华人民共和国清洁生产促进法》《关于加快关停小火电机组的若干意见》《节约用电管理办法》和"长株潭'两型'社会总体方案"等多个兼顾总量减排和温室气体控制的政策。

3）区域协同。随着我国大气污染逐渐呈现区域性的特点，以及温室气体本身具有的全球影响的特点，仅靠某几个城市的努力很难改变整体局面，因此必须实施区域联动，通过共同采取有效措施来取得更好的控制效果。

4）控制协同。可同时采取如节能降耗、燃煤替代、清洁生产与脱硫脱硝、除尘等措施，实现源头控制和末端治理的协同。

5）管理协同。制定标准，完善评价方法，进行区域统一监测、统一评价、统一发布等多种管理手段，通过手段之间的相互协调，实现有效控制。

结语

中国一直试图避免重蹈发达国家"先污染，后治理"的老路，因此自改革开放以来一直努力将环境保护作为基本国策，但实际上这种愿望并没有完全实现，特别是复合空气污染的扩大，既是老问题，又是新动向，治理起来需要下更大的工夫。同时，气候变化的压力不断加大，我们必须在保护大气环境的同时减少温室气体的排放。这既给我们带来了空前的压力，又给我们带来了空前的机遇。协同考虑这两大环境问题既是国家绿色发展的需要，又是实现产业升级和能源结构调整的需要，我们还有大量的具体工作要做。

参考文献

[1] 张兰生，方修琦，任国玉. 全球变化[M]. 北京：高等教育出版社，2000.

[2] 《第二次气候变化国家评估报告》编写委员会. 第二次气候变化国家评估报告[M]. 北京：科学出版社，2011.

[3] 唐孝炎，张远航，邵敏. 大气环境化学[M]. 北京：高等教育出版社，2006.

[4] 柴发合，王淑兰，云雅如. 新标准体现环保以人为本[J]. 环境，2012（2）：6-9.

[5] 高健，张岳翀，柴发合，等. 北京 2011 年 10 月连续重污染过程气团光化学性质研究[J]. 中国环境科学，2013（9）：1539-1545.

[6] 柴发合，王淑兰，云雅如. 贯彻《大气污染防治行动计划》力促环境空气质量改善[J]. 环境与可持续发展，2013（6）：5-8.

[7] 柴发合，云雅如，王淑兰. 关于我国落实区域大气联防联控机制的深度思考[J]. 环境与可持续发展，2013（4）：5-9.